超越设计课

建筑风景钢笔画技法与实例详解

王林 著

机 械 工 业 出 版 社

本书对建筑风景钢笔画速写技法进行了针对性的介绍与讲解，从绘画工具、表现形式、线条类型、空间透视、形体塑造、构图等方面入手，系统地讲述了建筑风景钢笔画速写的理论知识与技法表现，内容包括建筑主要构件、建筑配景、小型简体建筑、建筑场景表现技法与步骤及速写实例。并结合相关章节内容，重点列举了具体的绘画步骤，以供大家更好地理解和掌握。书中精选了作者近期创作的大量优秀作品，供大家临摹和参考。

本书可以作为建筑、环境艺术、风景园林、城市规划及相关专业的辅助教材，帮助初学者在系统教学的辅助下快速提升建筑风景钢笔画的表现能力，同时，也适合在建筑设计院、装饰设计公司、城建规划院工作的专业人士和美术爱好者学习和使用。

图书在版编目（CIP）数据

建筑风景钢笔画技法与实例详解 / 王林著 . —北京：机械工业出版社，2018.9

（超越设计课）

ISBN 978-7-111-60673-4

Ⅰ.①建…　Ⅱ.①王…　Ⅲ.①建筑画—风景画—钢笔画—绘画技法

Ⅳ.① TU204.111

中国版本图书馆 CIP 数据核字（2018）第 183825 号

机械工业出版社（北京市百万庄大街 22 号　邮政编码 100037）
策划编辑：时　颂　责任编辑：时　颂
责任校对：王　欣　封面设计：马精明
责任印制：张　博
三河市宏达印刷有限公司印刷
2018 年 10 月第 1 版第 1 次印刷
184mm×260mm·12.75 印张·257 千字
标准书号：ISBN 978-7-111-60673-4
定价：39.00 元

前 言
PREFACE

　　建筑风景钢笔画速写以其简便、快捷以及独特的视觉美感而被许多画家用来收集绘画素材和表现建筑风景。国内很多高校建筑专业考研快题设计中也有考查建筑手绘设计表现一项。建筑风景钢笔画速写与传统意义上的钢笔画是有区别的，前者要求用精炼的线条语言表现建筑结构及空间透视，而无须过多地强调建筑造型及其结构的光影与明暗关系；后者可以用点或线条等多种绘画语言对建筑进行主观夸张或超写实表现。艺术创作可以是自由而热烈的，但是建筑风景钢笔画速写最好还是规范些，尤其是初学者。只有基础扎实了，我们才能理解并驾驭看似疯狂的表现方式。

　　本书从基础到进阶，从进阶到飞跃，系统地讲述建筑风景钢笔画速写的理论知识，并结合相关章节内容，重点列举了具体的绘画步骤，以供大家更好地理解和掌握。另外，书中精选了作者近期创作的大量优秀作品，供大家临摹和参考，希望能够帮助读者朋友在尽可能短的时间内掌握建筑风景钢笔画速写的表现技法。

　　本书具有较强的实战性，容易上手，不仅可以作为建筑、环境艺术、风景园林、城市规划及相关专业的辅助教材，也适合在建筑设计院、城建规划院装饰设计公司工作的专业人士和美术爱好者学习和使用。

2018 年 5 月

目录 | CONTENT

第一章 基础篇——建筑风景钢笔画速写概述与基础
chapter one

第一节 建筑风景钢笔画速写概述

一、概述

建筑风景钢笔画速写是将建筑作为主要表现形式，以钢笔（或中性笔）作为绘画工具，要求画者在尽可能短的时间内将其记录下来的一种绘画方式。在实际速写中也涉及广场人物、交通工具与园林植物等。

建筑速写是设计专业的基本功，要求大家对建筑透视与建筑结构有更为深入的理解和认识，也是表达自己设计方案和主观意图最直接的形式语言，相对于计算机制图更具有实效性及亲和力。

对于初学者来讲，如果要想画好建筑钢笔画速写，那么平时一定要注意积累建筑素材，多练习勤思考，认真学习和借鉴一些相对成熟的作品。临摹是提高手绘技能的一条捷径，在临摹中要把握好各部分的比例及空间透视关系，推敲并总结出自己的方法与经验。只要长期坚持，随着时间推移，相信在不久的将来你就可以成为建筑手绘高手（图1-1、图1-2）。

图1-1 钢笔画速写1

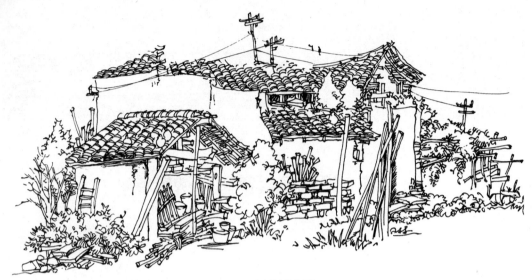

图 1-2　钢笔画速写 2

二、建筑钢笔画工具及材料

1. 绘画用纸

钢笔画练习对纸张的要求并不是很严格，因为每个人绘画习惯与绘画方法不一样，所以选用的纸张也各不相同。对于初学者建议大家选择表面相对平滑而且硬度适中的纸张为宜，一方面，如果纸张太厚，表面过于光滑，绘画时笔尖会打滑，墨色也不容易渗透，往往效果不是很理想；另一方面，如果纸张质地稀松、太薄，表面粗糙，那么在绘画中会容易划破画纸并有墨色晕开的现象。因此，我个人觉得建筑钢笔画表现中，一般选择质量较好的普通复印纸较为理想，假如我们不能很好地衡量纸张硬度的话，那么最简单的办法就是：抽出任意一张纸用手捏住纸张一端轻轻抖几下，当你听到纸张声音清脆不闷，即可作画。当然在实践中可以根据作画类别及表现的方式加以灵活选用。以下是钢笔画表现中常用的纸张类型，供大家选择。

（1）复印纸。纸质相对柔软，有一定的韧性，通常一包为 500 张，价格相对便宜，适合初学者练习钢笔画。

（2）素描纸。素描纸厚实松软，纹路适中，且耐磨损，用于铅笔表现为宜，对于钢笔画来讲不是最佳选择（在商店中常见的速写画本中的纸张也多为素描纸，此种纸张适用于钢笔快速表现尚可，对于写实钢笔画，笔者不建议大家选择）。

（3）绘图纸。质地紧密而强韧，无光泽且具有优良的耐擦性和耐磨性，多见于绘制工程图和设计图之用，纸张对于钢笔墨汁的吸收程度也较理想。

2. 绘画用笔

建筑风景钢笔画所选用笔一般为普通钢笔或中性笔。钢笔本身有墨囊，携带与使用都很方便，钢笔线条有着独特的魅力，流畅而潇洒。中性笔越来越普遍，在绘画实践中被选择会更多一些，中性笔墨水除了具有一般墨水的特性以外，还具有一定的稠度和黏度，在绘画中下水流畅且均匀，具有很好的实用性且价格便宜。

3. 其他辅助工具

铅笔、橡皮、尺子、画板。

三、建筑风景钢笔画速写的表现形式

建筑风景钢笔画速写通常有结构画法与光影画法两种表现形式，前者更适合于设计专业效果图的快速表现，而后者某种程度上讲是一种绘画语言，多用于创作和写生，在速写实践中，一般结构画法更为常见。

1. 结构画法

结构画法以线条来表现建筑形体结构及周边场景，具有用时短、视觉感清新的特点。在实践作画中不需要找太多调子，对于黑白灰的处理也没必要太过翔实，用尽可能少的线条来表现建筑形体及周边陪衬物，没有必要去照搬照抄建筑本身，每条线条的存在都应该有它存在的必要，尽量避免过于花哨的装饰，线条宜流畅刚劲（图 1-3~ 图 1-5）。

图 1-3　结构画法实例 1

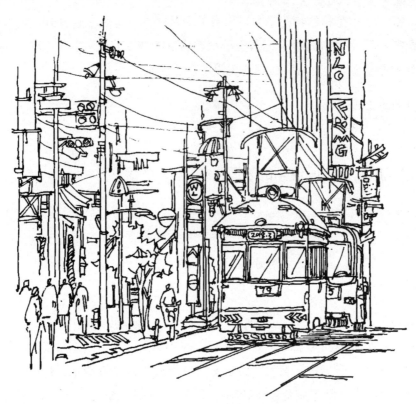

图1-4　结构画法实例2

图1-5　结构画法实例3

2. 光影画法

　　光影画法就是将现实中我们肉眼所能看到的实物，用光影的造型手段将其固有的质感与形体表现出来的一种绘画形式。此种画法的造型更加立体，明暗对比也会更强。在实际表现中，暗部处理也不完全等同于素描排线的方式，要按照建筑结构灵活运笔，同时也要拿捏好分寸，不能以大面积的暗部处理而忽略对建筑结构的表现（图1-6~图1-8）。

图1-6　光影画法实例1

图 1-7　光影画法实例 2

图 1-8　光影画法实例 3

第二节　建筑风景钢笔画速写基础

一、线条练习

线条是表现建筑风景钢笔画的最基本形式，而如何用线条来表现建筑的轮廓及结构变化就显得非常重要了。要想画好建筑风景钢笔画，首先需要解决的问题就是要把线条画好，控制好线条的曲直变化、线条彼此间的间距及虚实程度，线条既不可以太僵直也不能太松软，要依据所画对象的外在形体及文化历史内涵做出适时的变化。在练习表现中大家需要理性地去理解，大胆地去表现，一定要放得开，也一定要收得稳。当然，线条练习的过程很枯燥，但是这也是画好建筑风景钢笔画的必经阶段，所以建议大家要有耐心，拿出适当的时间来练习。只要掌握正确的方法，经过一段时间的积累，相信大家都能画出自然、流畅的线条。

1. 直线

直线的练习要求大家坐姿笔直，纸张要放正不要歪斜，画线快慢均可，自己可以具体把握，下笔要肯定，一气呵成，切不可迟疑不决。

在练习时拿笔要稳，最好不要摆动手腕，以避免画出弧线（图 1-9、图 1-10）。

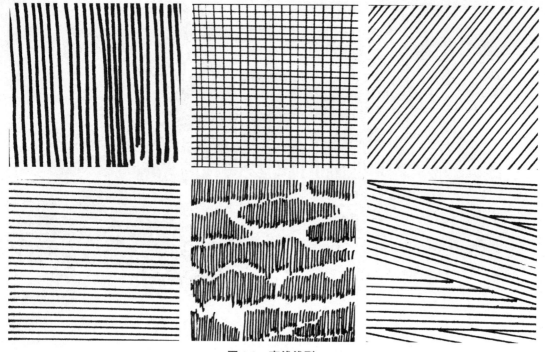

图1-9　直线线型

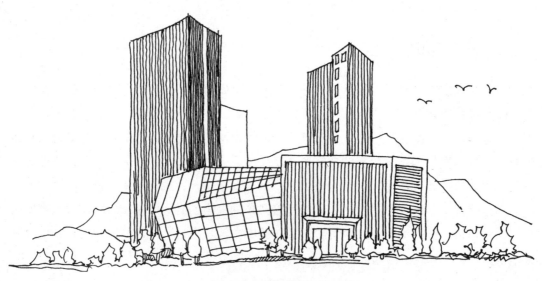

图1-10　直线线型建筑

2. 抖线

抖线相对于直线来讲，线条轨迹显得不太笔直，是运笔时手轻微抖动而画出的"直线"，但线条的整体感觉一定是直的，该线型给人的感受是自然而生动，并且容易上手，比较适宜建筑形体的塑造。手绘毕竟还是不同于制图，画线也要尽量避免机械，大家练习中可以具体去感觉，不过速度可以适当放慢些。起笔和收笔尽量不要出现墨点和小勾，每次画线时可以用纸擦拭笔尖（图1-11）。

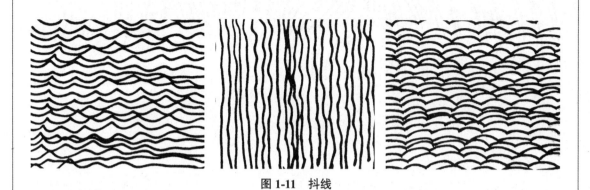

图1-11　抖线

3. 曲线

曲线的绘制也是很重要的；尤其对于现代建筑表现来讲，曲线的应用还是很多的。曲线在绘制中要有一定的张力且弧形圆润，不宜有尖角和顿挫，要做到一气呵成（图1-12）。

图1-12　曲线

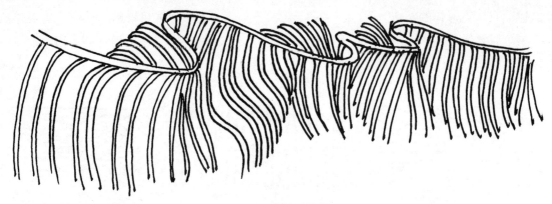

图 1-12 曲线（续）

4. 植物线

植物线看似无形实则有形，笔线画法依据植物叶子层次的变化而来，刚开始练习时大家可以笔速放慢，认真琢磨笔线的走向，注意笔触的上下起伏及彼此错落交织。在运笔的过程中注重笔线力度、方向及起伏大小的变化，做到自然舒畅（图 1-13、图 1-14）。

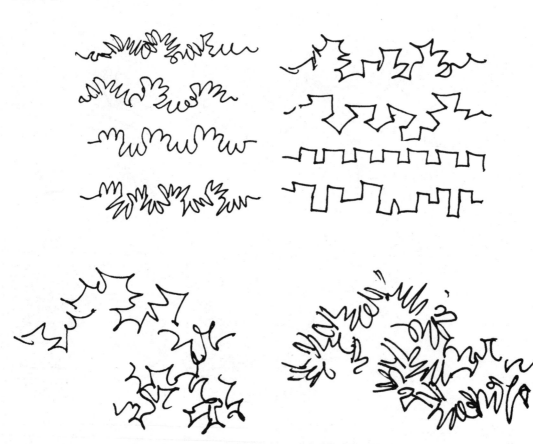

图 1-13 圆叶形与折线形笔线

图1-14　不同植物线表现

二、透视

建筑风景钢笔画离不开透视，透视简单来讲就是指我们在作画中按照近大远小、近实远虚的透视规律进行绘画，有一定的规律性，包括一点透视、两点透视和三点透视等。

1. 一点透视

一点透视也称为平行透视，是一种表现户外建筑场景常用的透视方法，画面只有一个消失点，便于初学者理解和掌握。空间体块水平线均平行，所有竖线则都是垂线，变化的只有纵深线，且交于一点。在实际绘图中，大家可以将消失点适当向左或向右平移，而不是放到区域中心，这样看起来会更生动一些。一点透视法可以有效地表现空间感，透视表现范围广，画面看起来庄重、稳定，但也缺乏一定的趣味性（图 1-15～图 1-17）。

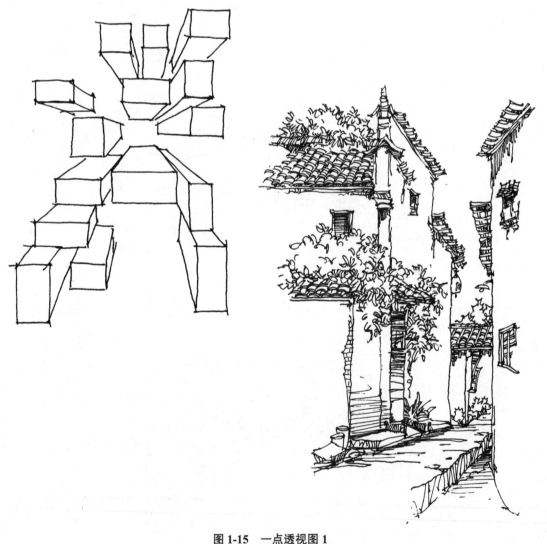

图 1-15　一点透视图 1

图1-16 一点透视图2

图 1-17   一点透视实景表现

2. 两点透视

两点透视又称成角透视，画面存在两个不同方向的纵深消失点，且两个消失点在一条视平线上，建筑块体透视表现不再存在水平线，所有竖线依然保持垂直不变。两点透视更适合人的视觉感受，画面空间感较好，多用于建筑景观表现（图1-18~图1-21）。

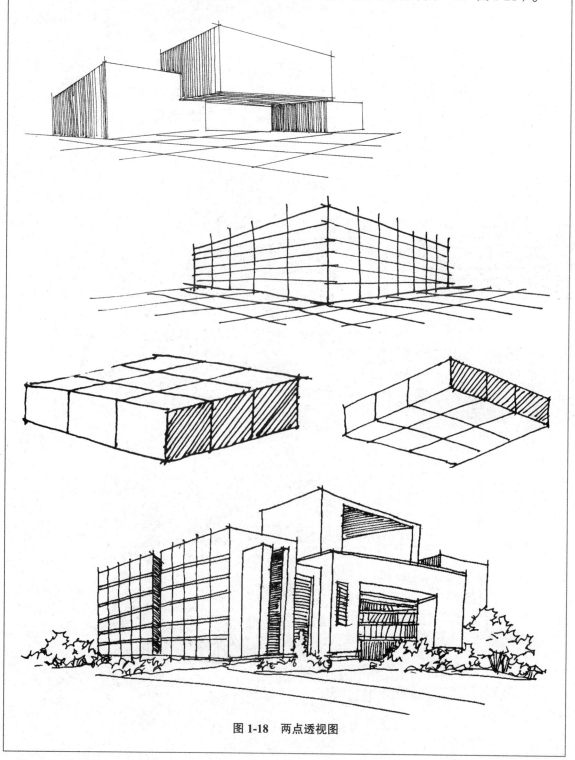

图1-18 两点透视图

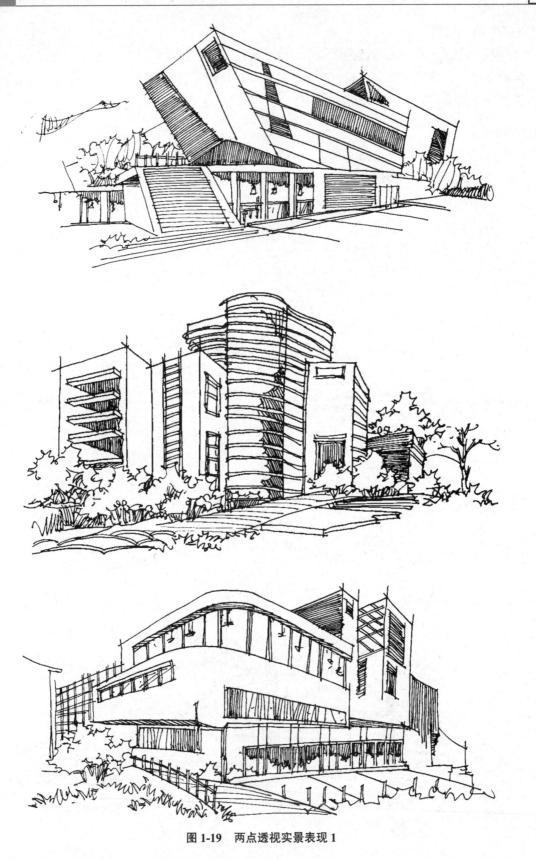

图 1-19　两点透视实景表现 1

图 1-20　两点透视实景表现 2

图 1-21　两点透视实景表现 3

3. 三点透视

三点透视相对于一点透视和两点透视而言，稍微复杂一些，有三个消失点，建筑体块竖线不再垂直，而是发生倾斜变化，多见于表现大型鸟瞰图（图 1-22、图 1-23）。

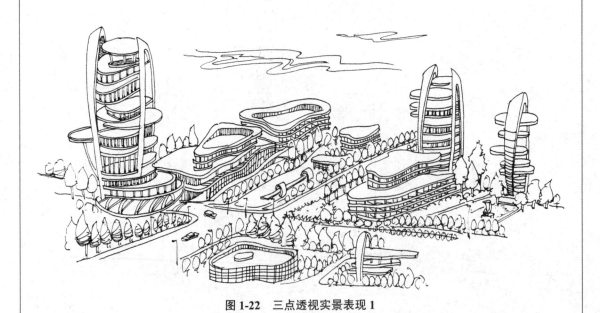

图 1-22　三点透视实景表现 1

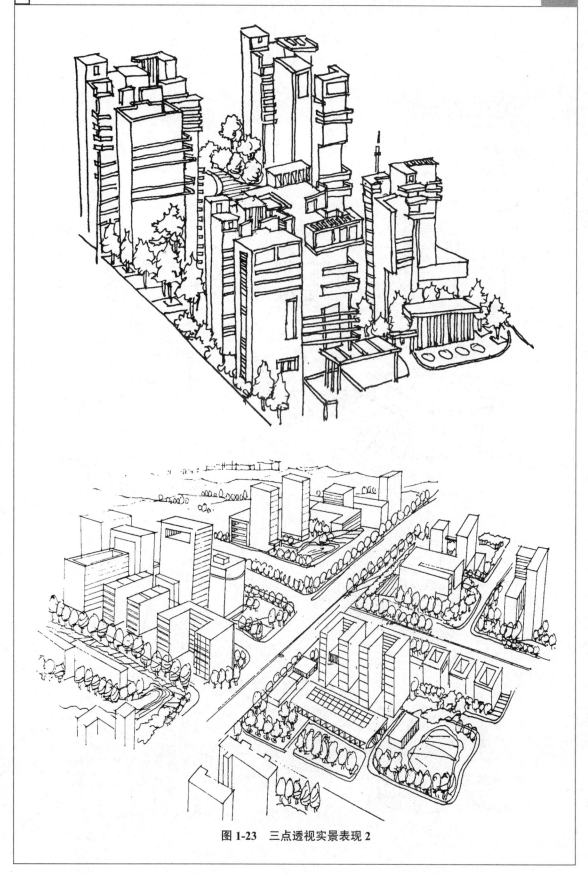

图1-23 三点透视实景表现2

三、形体塑造

1. 几何体块

几何体块有助于帮助大家形成三维空间概念，也是画好建筑风景钢笔画的基础，建筑体块在我们看来就是对基本几何体在不同空间的添加或删减，建筑群无非是一些几何体的群处理。练习中不单单是临摹图稿，更重要的是去思考形体间的空间关系该如何表现。在实际练习中可以从单体到组合，逐步推进（图1-24、图1-25）。

图1-24　简单几何形体

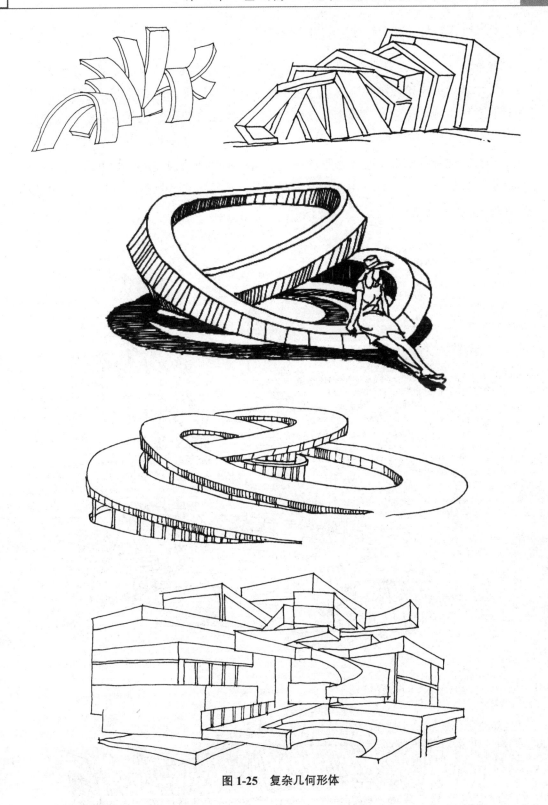

图 1-25　复杂几何形体

2. 形体线条

形体线条一般来讲指的是建筑轮廓及结构的主要构造线，按照建筑模块的空间及结构变化自由伸展穿梭在整个三维空间中，也是现代建筑的骨架。

　　在绘制中多以长线条出现，有起伏、有纵深，通过线型渐变及韵律变化来表述空间概念。在实践中大家可以抓住建筑主线及形体主要结构线而弱化或忽略不必要的细节，把整幢复杂建筑以最为简洁、最为准确的线条表现出来，同时注意保持线条的流畅性，下笔要干脆利索，不宜有太多断笔。即使线画歪了也不要试图更正涂抹，那样只能越描越黑，最终效果往往都不理想。如果出现这种情况那就在错误线的一侧重新画一条正确的线加以更正辅助即可。大家在练习中不能急躁，练习多了自然能驾驭更为复杂的建筑形体（图 1-26~ 图 1-29）。

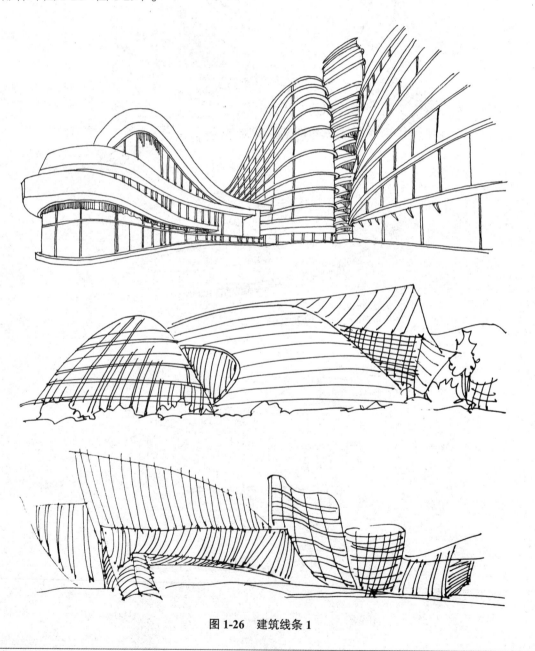

图 1-26　建筑线条 1

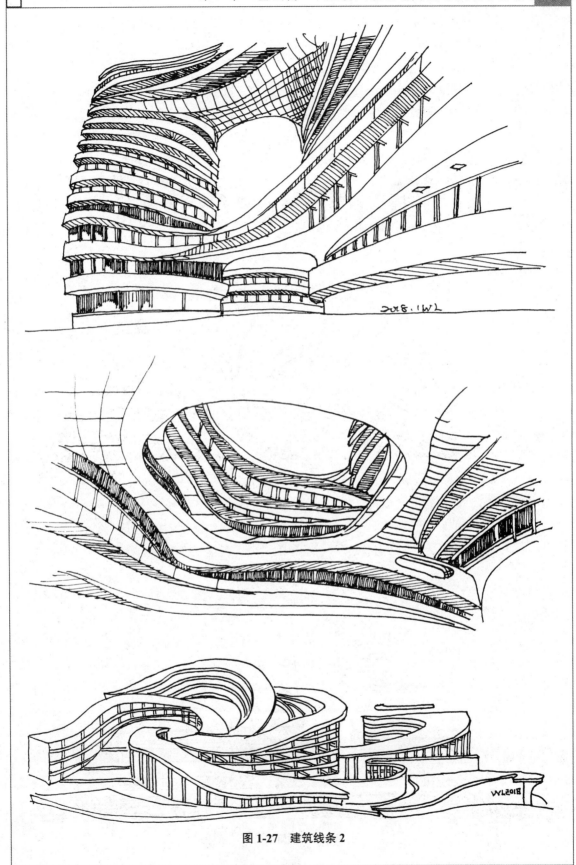

图1-27　建筑线条2

图1-28 建筑线条3

图 1-29　建筑线条 4

四、构图

构图是衡量一幅作品好坏的关键因素，一幅作品即使画得再好，如果没有恰当的构图，也不能称之为好作品。在建筑风景钢笔画速写中，不能上来就画，要先确定具体入手的视角、画幅比例及表现主题等，合理地处理好建筑与周边环境的关系，协调好所画场景与画面的占比。构图是画家的一种主动行为，某种程度上也能反映出画家的审美情趣，当然画到一定程度，构图便成了一种意识，知道如何取景和安排画面。

构图往往没有绝对标准，而是建立在大家对美学共识的基础上。同样一幅画，每个人有着不同的理解和判断。但是建筑风景钢笔画速写构图成功与否的关键在于表现内容主题是否明确、画面安排是否均衡有趣等方面。而对于初学者，不管是写生还是临摹，往往急于在速写技法上突破而忽略构图的问题，导致绘画水平很难再上一个档次，这一点需要大家注意。

在建筑风景钢笔画速写练习中，应该首先确定空间位置及比例关系，然后再寻求建筑主体与其他陪衬物的组合形式，呈现的画面既不能拥挤也不能空旷，画面看起来要有较强的视觉美感。构图是清晰而明确的，画面存在的任何陪衬物皆有它存在的必要，不要强拉硬拽，也不要画蛇添足（图 1-30~图 1-34）。

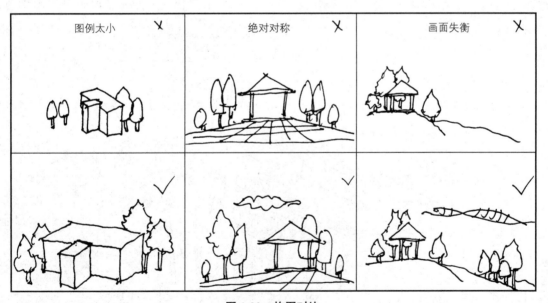

图 1-30　构图对比

图1-31　小建筑景观1

图1-31画面整体形式感很强，画面呈矩形，左侧大树起到了平衡画面的作用，大家可以尝试用手遮住此棵大树，再看一下画面，画面似乎有些失衡，视觉上重心会向右倾斜。因为画面右侧建筑体与几棵大树显然成了画面主体，视线自然向右侧引导，而画面左侧植物植株的大小及表现的完整程度都是远远不如右侧，造成画面左右失衡。画面左侧远处概括处理的树木，用排线的方式处理也是基于加重左侧视觉分量的考虑。画面中部飞鸟的出现则是活跃画面，使之生动有趣。

图1-32　小建筑景观2

图1-32所画建筑小景画面相对简单，构图却颇有味道。画面左侧的墙体起到了框架式构图的作用，高低错落的植物有序地填充了画面，使画面生动而饱满。画面的疏密对比也恰到好处，如石块大部留白与周边植物细密的表现方式。

图 1-33 为照片改绘的一张图，此图与原照片在构图上有较大不同。原照片画面中间拱桥的前后并没有任何植物，我们可以试想一下，如果没有中间植物加以协调画面，画面将是"两头粗、中间细"的哑铃形状，画面中间显得很脆弱，赏画的心理感受不会是舒适的；而加以植物陪衬，画面则更为完整。

图 1-33　小建筑景观 3

图 1-34 整体画面形状为方形，画面左右高度略有不同，画面中部台阶左右植物表现形式上雷同但具体植株品类与表现手法则有所区分。实战中构图需要灵活一些，既要注重画面的整体性又要兼顾整体中的适当变化，左右完全对等的表现方式是不可取的。

图 1-34　小建筑景观 4

第三节　建筑主要构件及配景钢笔画速写案例

一、建筑主要构件钢笔画速写

大家在表现建筑主要构件时，可以适当放慢速度，认真观察和理解构件的细节，以便为将来建筑形体塑造打下坚实的基础。因为当我们远景画一幅建筑风景钢笔画速写时，建筑构件的细节是根本看不清的，如果我们画过，那自然也就会知道如何去概括和表现那些建筑结构。

1. 欧式建筑部件

（1）柱头（图1-35~图1-37）。

图1-35　柱头1

图 1-36　柱头 2

图 1-37　柱头 3

（2）欧式装饰部件（图 1-38~图 1-40）。

图 1-38　欧式装饰部件 1

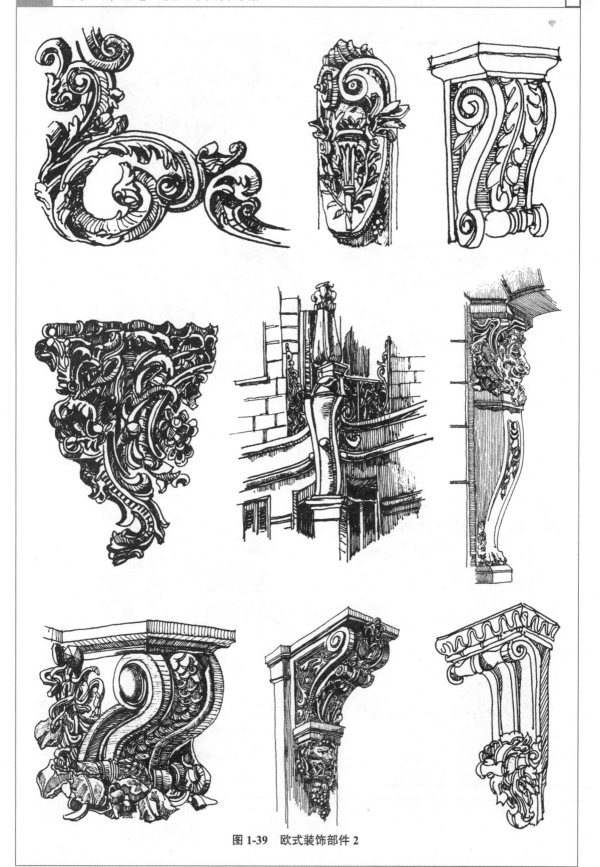

图1-39　欧式装饰部件2

图 1-40　狮子石雕

（3）欧式窗户。窗户是建筑钢笔速写中经常遇见的建筑部位，首先要正确理解造型类别、内部构造及材质等，以便明确我们运笔时线条的粗细、快慢及轻重等。建议大家多观察，多临摹，多写生，把对造型的理解用线条语言表达出来（图1-41）。

图1-41　欧式窗户

（4）欧式建筑其他局部结构（图1-42~图1-45）。

图1-42　其他局部结构1

图1-43　其他局部结构2

图 1-44　其他局部结构 3

图1-45　其他局部结构4

2. 中国传统建筑部件

（1）雀替（图 1-46、图 1-47）。雀替是中国古建筑的特色构件之一，又称为托木，安置在梁与柱交点的角落，具有稳定和装饰的功能，常见有木雀替和石雀替。雀替既有增强荷载力的功能又具有很强的装饰性，有龙、凤、花鸟、金蟾等各种形式，雕法则有圆雕、浮雕、透雕等。

图 1-46　雀替 1

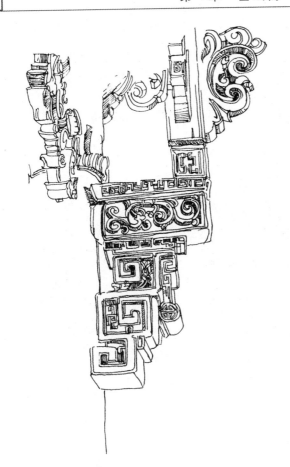
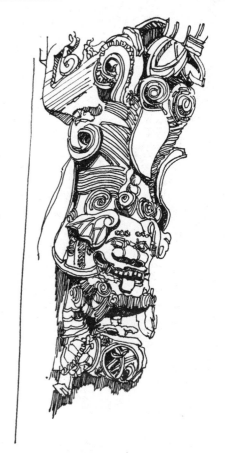
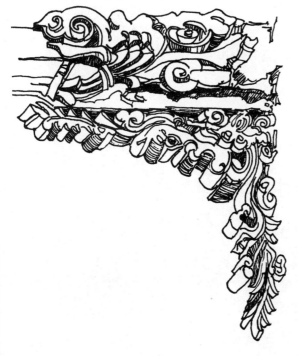

图 1-47 雀替 2

（2）垂花柱（图1-48）。垂花柱是中国传统木建筑构件之一，是在伸出的梁枋外的一段半悬的木柱，底部有雕刻，多采用花鸟纹饰、宫灯形、人物及莲花等图案，很有装饰效果。

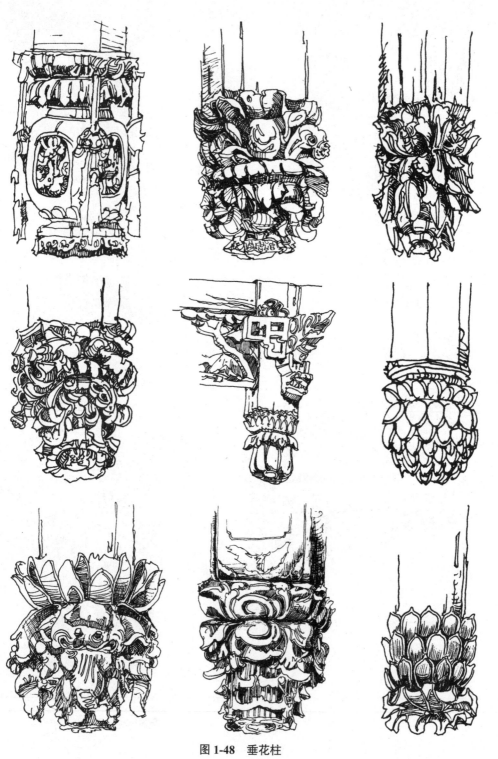

图1-48　垂花柱

（3）建筑瓦（图1-49、图1-50）。瓦是中国传统建筑中的重要材料，形状多以拱形或半筒形形式出现。在手绘表现中常见的有筒瓦和普通瓦片。筒瓦多用于宫殿或其他重要建筑物上，呈半筒形，前端有凹凸的瓦舌，个别的筒瓦还有瓦钉孔。普通瓦片颜色多以灰色为主，可应用于各式建筑，有较好的防雨、隔热作用，而且美观整洁。

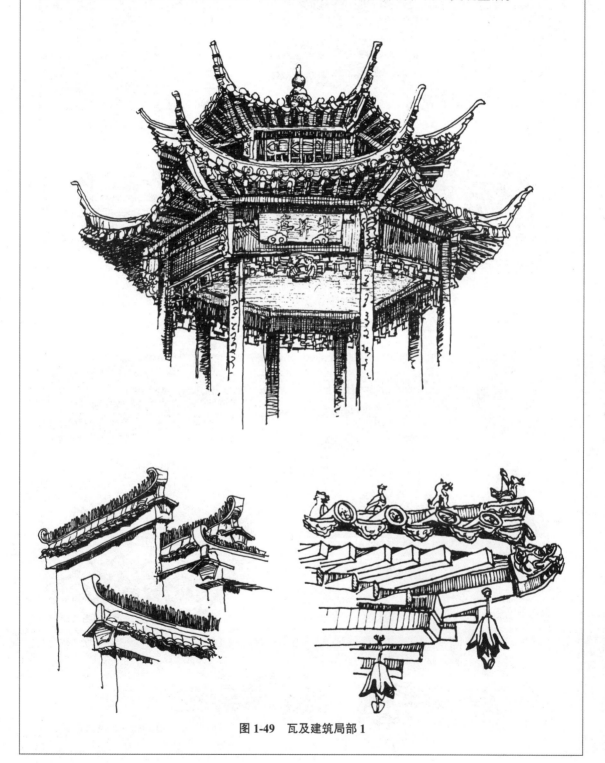

图1-49　瓦及建筑局部1

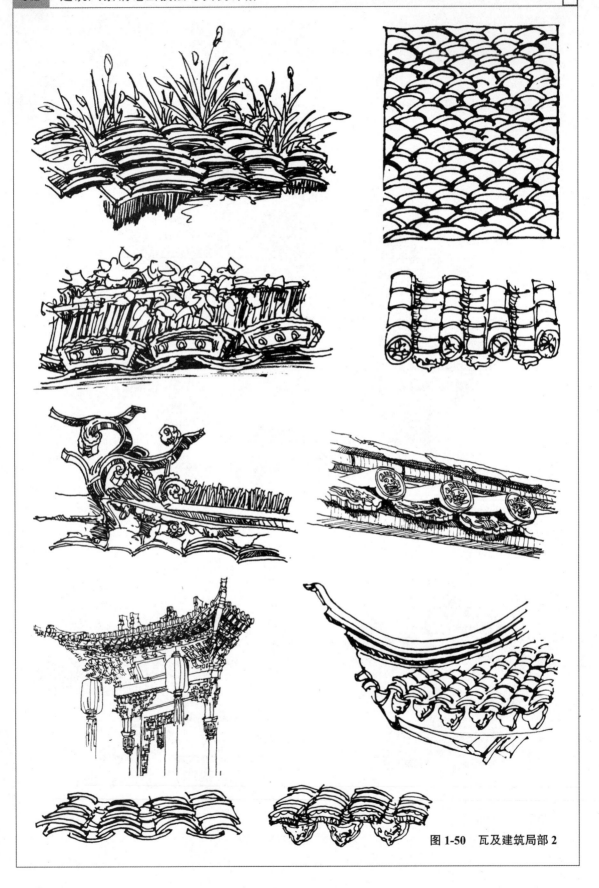

图 1-50　瓦及建筑局部 2

（4）抱鼓石（图1-51）。抱鼓石是中国传统民居建筑中常见的建筑构件之一，一般位于传统宅院大门的入口处。因为它有一个犹如抱鼓的形态承托于石座之上，故此得名。抱鼓石是民居宅门构件的功能产物，它是依托功能施以装饰的石制构件，有一定的象征意义。

图1-51 抱鼓石

（5）其他部件（图 1-52）。

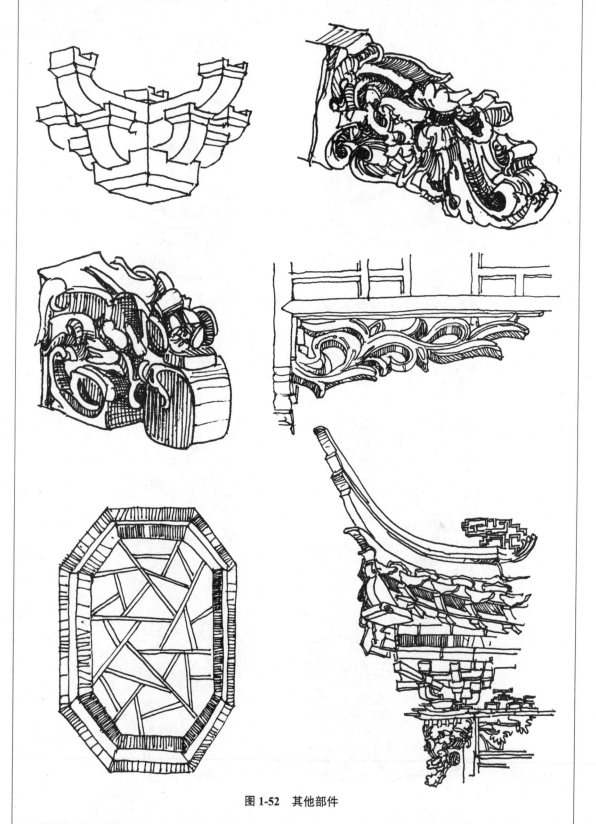

图 1-52　其他部件

二、建筑配景钢笔画速写案例

1. 人物

人物在建筑景观设计表现中，有着活跃场景气氛、强化空间进深感的作用。但在实际作业中，大家往往会忽视对人物的表现，从而使整个画面不协调、不完整。希望大家对人物要给予充分的重视，课下要多观察多加练习，在绘画表现时，特别要注意人物的大小比例及处于不同空间时的表现手法。

（1）人物的比例关系及动态表现。通常情况下，手绘人物的身高比例要高于现实中人物的身高比例，一般以8~9个头长为宜，这种比例在视觉上会显得更舒服些。人物动态不宜过于夸张，场景人物动态一般以站姿、坐姿及步行等形式出现，有助于明确交代建筑场景的使用性质及场地属性。人物的重心一定要找准，不能把人物画倒了，要养成边画边整体审视画面的好习惯。

（2）人物表现方法。人物是建筑场景的陪衬，没有必要刻意过多细化。根据实际场景的空间位置，确定人物表现的详略程度，一般是不用表现五官和表情的，只记录人物动态和比例即可。大家有必要多看一些关于人体结构的素描、速写作品，以便更好地理解和表现人物。平时注意锻炼自己的观察和描绘能力，以下简单介绍剪影式人物与白描式人物的技法表现。

剪影式人物画起来相对简单一些，初学者可以从剪影式人物画起，这样较容易上手，一般只需要描绘人物的形体外轮廓即可，剪影式人物在实践作业中也是会经常用到的（图1-53~ 图1-56）。

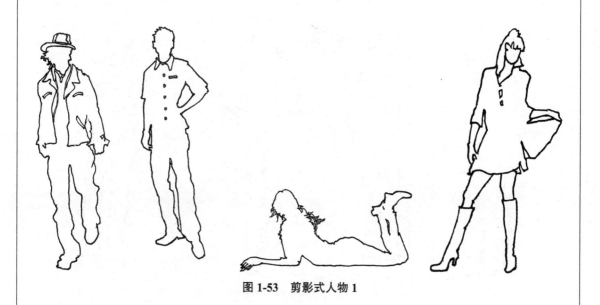

图1-53　剪影式人物1

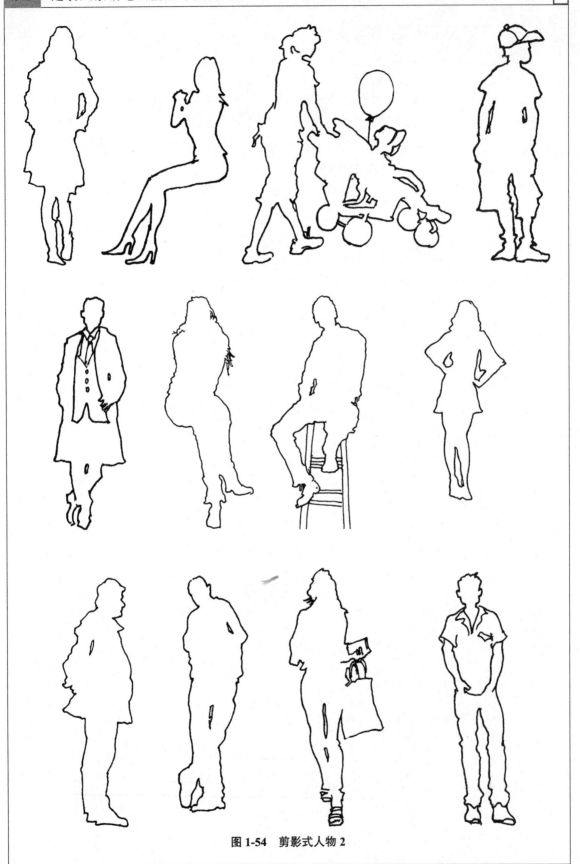

图 1-54　剪影式人物 2

图 1-55　剪影式人物 3

图1-56　剪影式人物4

　　白描是中国画中的一种常见技法，常指用线条来表现物象而不需要过多修饰与渲染的一种画法。在钢笔画表现中我们也可以借鉴这一画法，在人物表现时适当表现人物的着装、肢体弯曲处的褶皱等，使人物看起来更具视觉美感。丰富和塑造人物形体时可以根据季节及建筑场景的需要，辅助以太阳伞、背包、购物袋等道具。白描式画法相对于剪影式画法有一定的难度，但视觉效果较佳（图1-57~图1-60）。

图1-57　白描式人物1

图 1-58　白描式人物 2

图 1-59 白描式人物 3

图 1-60　白描式人物 4

（3）实例步骤。在人物绘画表现中，往往遵循从上到下、从左往右的顺序进行绘画，当然也可以根据个人习惯去选择自己喜欢的起笔方式，我个人更倾向于从人物头部起笔。

实例一：剪影式人物表现步骤。

步骤一：选择一支笔尖不要过粗的钢笔或中性笔（大家可以选用常见的 0.5mm 笔芯的中性笔），从人物头部起笔进行勾绘，一气呵成画完左侧人物（图 1-61）。

图 1-61　剪影式人物表现步骤一

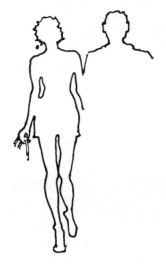

步骤二：补画右侧男士，继续以从上向下的绘画方式进行，男士肩部适当要画宽一些，并参考左侧人物的比例（图 1-62）。

图 1-62　剪影式人物表现步骤二

步骤三：区分男女的形体特征，动态特征也需要把握好，衔接好与前者的关系，完成绘制（图 1-63）。

图 1-63　剪影式人物表现步骤三

实例二：白描式人物 1 表现步骤。

步骤一：从人物的头部画起，画出左肩部分，注意边画边衡量肩宽与头部的比例关系（图 1-64）。

图 1-64　白描式人物 1 表现步骤一

步骤二：补齐右肩部分并画出手臂及衣服，这时需要大家的观察尽可能准确，因为一旦比例有误，人物造型看起来就会很不舒服（图 1-65）。

图 1-65　白描式人物 1 表现步骤二

步骤三：整体审视人物的比例关系并确定人物重心，画出腿部及道具（图 1-66）。

图 1-66　白描式人物 1 表现步骤三

实例三：白描式人物 2 表现步骤。

　　步骤一：大致判断所画人物的外在特征及内在气质，确定恰当的笔线，准确画出人物的上半部分，处理好脖颈与衣领的线条穿插关系（图 1-67）。

图 1-67　白描式人物 2 表现步骤一

　　步骤二：把握好人物动态，画出人物手臂及基本动态（图 1-68）。

图 1-68　白描式人物 2 表现步骤二

　　步骤三：把握好人物重心画出腿部，用尽可能少的笔线画出人物牵着的宠物，注意抓大动态与特征（图 1-69）。

图 1-69　白描式人物 2 表现步骤三

2. 植物

不同树种其树干、树冠均有所不同，在实践表现中大家要抓住植物特征，采用更为贴切的笔线去表现，不能画出来的植物笔线雷同、植物特征不明显。在建筑景观设计中，乔木与灌木是我们经常需要表现的。现在分别讲一下各自的画法及表现步骤。

（1）乔木。乔木常指形体高大的树木，有独立的主干且树干和树冠区别明显。在建筑风景写生中，乔木是经常遇到的，所以要求大家对植物也要有深入的理解和良好的表现力。树干的处理适当要用些力气，毕竟树干触碰起来感觉会很硬，而叶子的表现则需要根据具体树形采用与之对应的笔线。不要拘泥于模式化的笔线，毕竟每种植物都有其自身独特的外形与气质（图1-70~图1-73）。

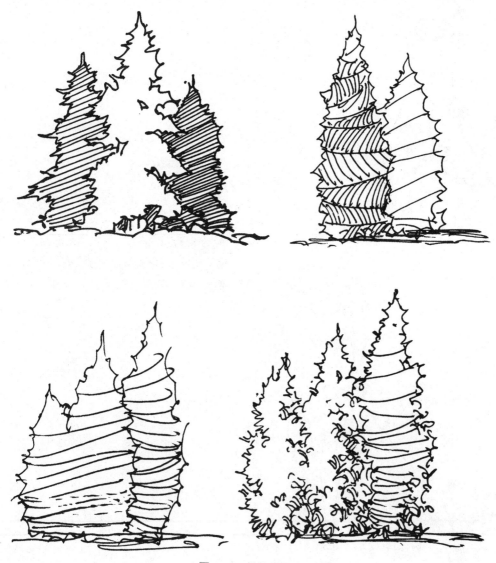

图1-70　松柏表现

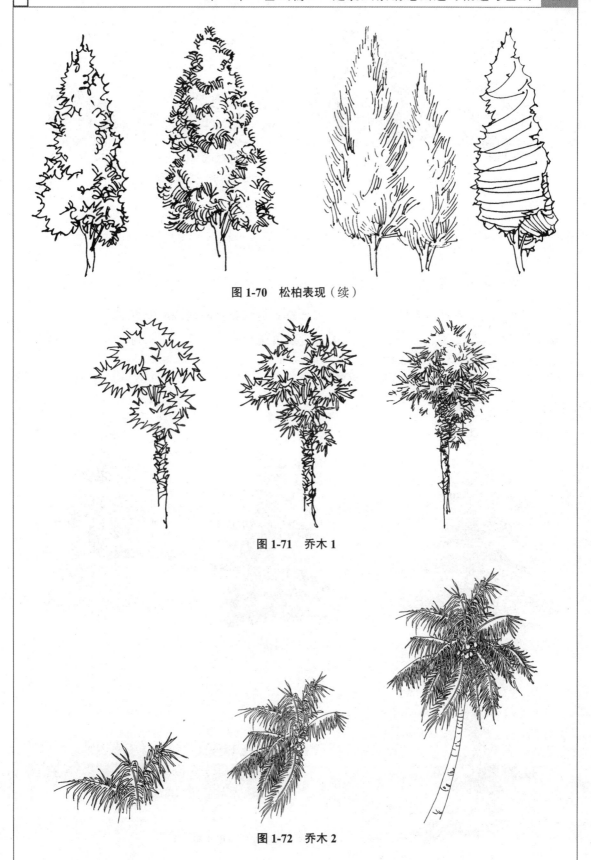

图 1-70 松柏表现（续）

图 1-71 乔木 1

图 1-72 乔木 2

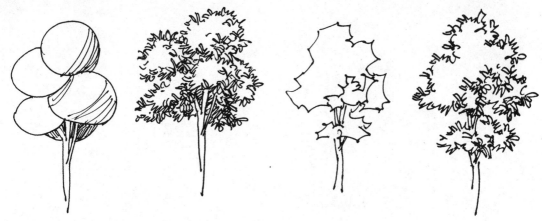

图1-73　乔木3

下面以雪松表现步骤为例。

雪松表现可有多种方法，无论哪种方法都要有根据，而笔线的依据则是建立在对雪松自身认识基础上的，包括雪松造型特点、枝叶生长关系、枝干生长特点等，具体表现时也可根据绘画所需时间及表现效果而定（图1-74）。

图1-74　雪松

实例一：单棵雪松表现步骤。

步骤一：采用相对较短的钢笔线条从雪松的顶部开始绘制，注意左右旁枝不要完全对称，适当错位（图1-75）。

图1-75　单棵雪松表现步骤一

步骤二：继续绘制并画出枝干，对暗部采取排线处理，并调整彼此的错落关系（图1-76）。

图1-76 单棵雪松表现步骤二

步骤三：协调并逐步完善整个雪松的造型（图1-77）。

图1-77 单棵雪松表现步骤三

步骤四：强化明暗关系，丰富树形（图1-78）。

图1-78 单棵雪松表现步骤四

实例二：多棵雪松表现步骤。

步骤一：用钢笔画出单棵雪松及其周边石块（图1-79）。

图1-79　多棵雪松表现步骤一

步骤二：依次画出其他雪松的造型，注意雪松形体大小、高低的变化，明确主体（图1-80）。

图1-80　多棵雪松表现步骤二

步骤三：勾画地形线及远处雪松，远景的雪松不易画得过于详细，协调整体空间关系（图1-81）。

图1-81　多棵雪松表现步骤三

（2）灌木。在建筑景观设计中，灌木是空间绿化不可缺少的组成部分，起着丰富空间层次、连接和过渡硬质景观的诸多作用。

灌木一般不是很高，在出土后即会分枝，或丛生地上，没有明显枝干。其地面枝条常见有直立、拱垂、攀缘、丛生等姿态。在手绘表现中要根据造型在景观中的实际作用来确定表现技法。不管灌木以何种形式出现，或者看起来多么复杂，我们要清晰明确地将其视为基本几何造型，用恰当的笔线表现其结构与明暗关系（图1-82、图1-83）。

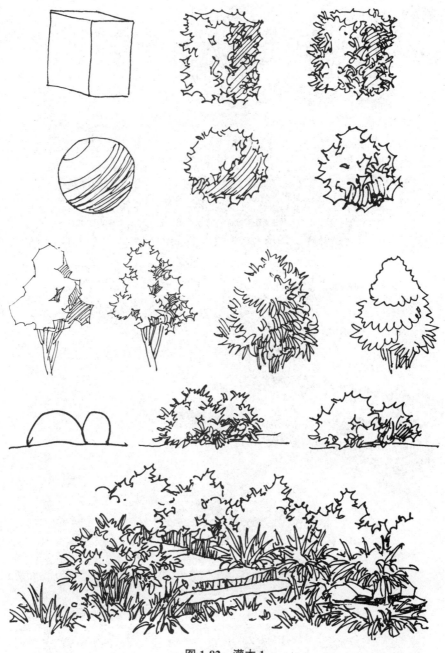

图1-82　灌木1

图 1-83　灌木 2

实例一：灌木丛表现步骤。

步骤一：用"几"字形的笔线绘制灌木丛的基本轮廓（图1-84）。

图1-84　灌木丛表现步骤一

步骤二：笔触衔接步骤一所画造型，大致勾勒灌木丛其他形体（图1-85）。

图1-85　灌木丛表现步骤二

步骤三：对所绘灌木丛进行暗部排线处理，并勾画地面（图1-86）。

图1-86　灌木丛表现步骤三

实例二：灌木球表现步骤。

步骤一：用较为概括的笔线画出单棵灌木球（图1-87）。

图 1-87　灌木球表现步骤一

步骤二：用同样的笔法画出第二棵灌木球，二者的距离适当靠近些，植株大小适当有所区别（图1-88）。

图 1-88　灌木球表现步骤二

步骤三：画出第三棵灌木球，植株高度略区别于其他灌木球，三者之间要有适当的变化，包括植株大小、高低及彼此距离远近等（图1-89）。

图 1-89　灌木球表现步骤三

3. 汽车

汽车是大型建筑场景中常见的配景，用于说明建筑的使用性质并渲染气氛。其实汽车的绘制并不是很难，但是脑海中需要有三维空间感，正确认识几何体各面之间的关系，从何处着手绘制都可以，具体依据个人习惯和兴趣，我个人认为最好从车顶起笔，好处有二：一是便于确定整个车体的透视关系，二是可以有效避免在绘制中墨水未干造成不必要的涂抹，至于车轮及其他细节则可以根据车体的空间透视适当丰富造型即可。

景观场景中的汽车并不是画面的主体，所以一般没必要画得过于写实，通常以轿车、SUV 车型比较多见。

（1）轿车。一般轿车用于载送人员及其随身物品，且座位布置在两轴之间，轿车车身结构主要包括车身壳体、车轮、观后镜及车身内外装饰件等（图 1-90~ 图 1-93）。

图 1-90　轿车 1

图 1-91　轿车 2

图1-92 轿车3

图1-93　轿车4

（2）越野车。越野车一般车底盘相对较高，具有强动力和较好的越野性，轮胎宽度也相对较宽，抓地性较好。排气管和粗大结实的保险杠，视觉感受彪悍大气，绘制时线条适宜流畅刚劲（图1-94~图1-97）。

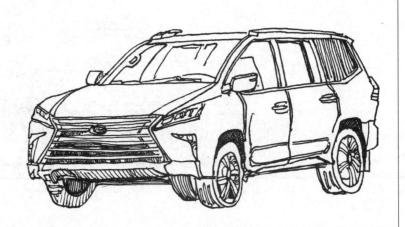

图1-94　越野车1

图 1-95　越野车 2

图 1-96　越野车 3

图 1-97　越野车 4

（3）实例步骤。

实例一：轿车表现步骤。

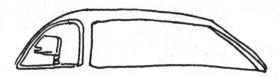

图 1-98　轿车表现步骤一

步骤一：勾勒出车顶，确定好车体侧面玻璃和正面玻璃的角度关系（图 1-98）。

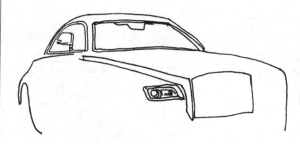

图 1-99　轿车表现步骤二

步骤二：继续绘制汽车侧身及发动机顶盖，参考上一步骤所确定的正面和侧面形成的角度使之大体符合透视关系，确定车灯的位置（图 1-99）。

图 1-100　轿车表现步骤三

步骤三：继续绘制车体前脸与侧面车轮部位（图 1-100）。

步骤四：完善整个车体的造型，使之更富有美感（图 1-101）。

图 1-101　轿车表现步骤四

实例二：越野车表现步骤。

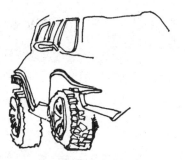

步骤一：车体沿着从左向右、从上到下的顺序进行初始绘制，要求大家观察要准（图1-102）。

图 1-102 越野车表现步骤一

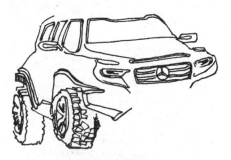

步骤二：继续完善汽车造型，注意透视关系也就是说车体正面的车顶线型与车体正脸线型是相对平行的关系，侧面线型也均保持近似平行（图 1-103）。

图 1-103 越野车表现步骤二

步骤三：深入绘制汽车轮子，注意四个轮子的透视关系（图 1-104）。

图 1-104 越野车表现步骤三

步骤四：绘制出车顶的大灯及简单的驾驶室内结构（图 1-105）。

图 1-105 越野车表现步骤四

实例三：跑车表现步骤。

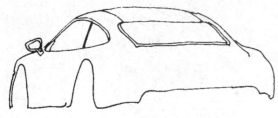

步骤一：绘制出车体外轮廓，注意车体的透视关系（图1-106）。

图1-106　跑车表现步骤一

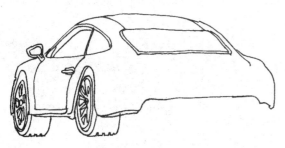

步骤二：绘制车体左侧前后两车轮（图1-107）。

图1-107　跑车表现步骤二

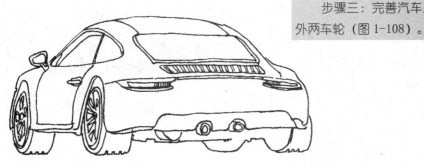

步骤三：完善汽车后备厢部位并补齐另外两车轮（图1-108）。

图1-108　跑车表现步骤三

步骤四：丰富汽车其他细节，使之趋于完善（图1-109）。

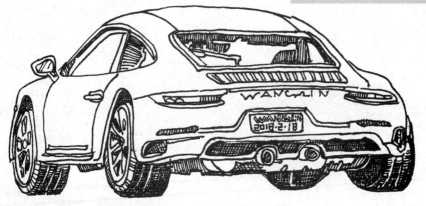

图1-109　跑车表现步骤四

4. 桥

在实践写生中我们也会经常遇到石桥、木桥等。在表现中要以桥本身的特征作为表现依据。

首先，我们要注意区分桥的结构类型和质感表现。其次，就是处理好桥构造之间的衔接关系。再次，就是符合基本透视关系，不能出现倾斜或矛盾空间问题（图 1-110~图 1-114）。

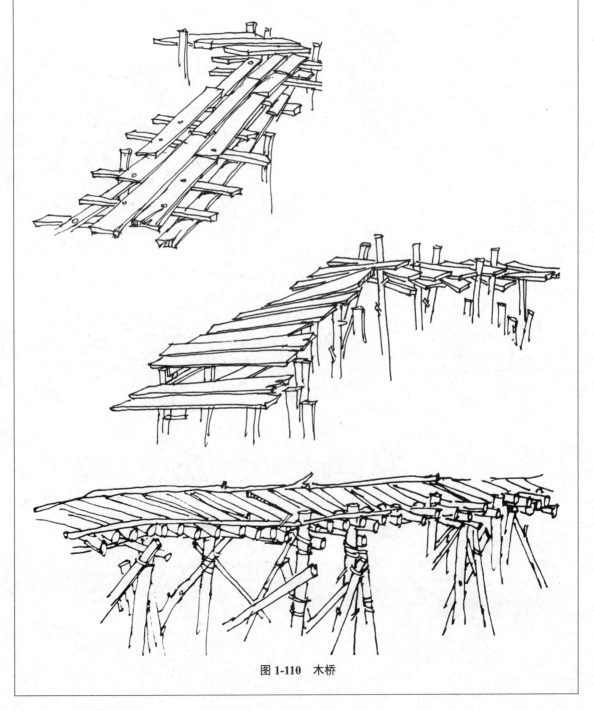

图 1-110　木桥

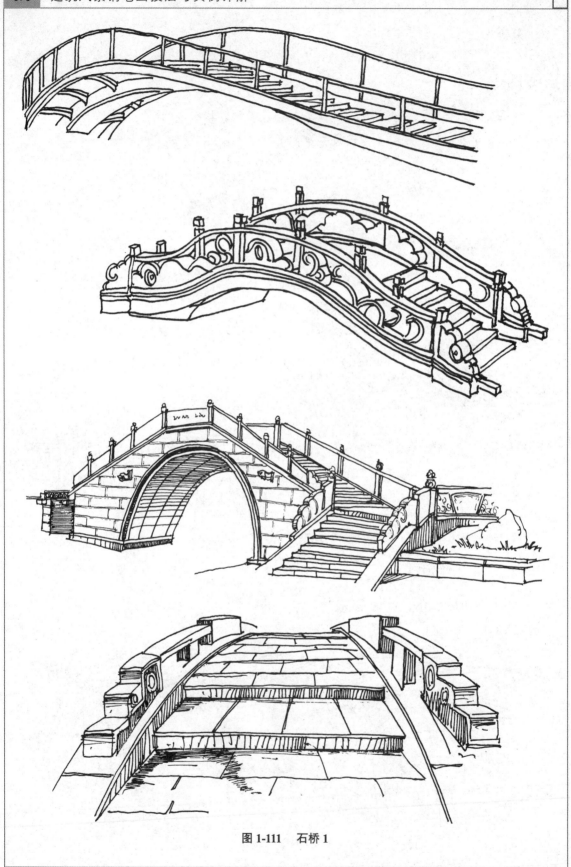

图 1-111　石桥 1

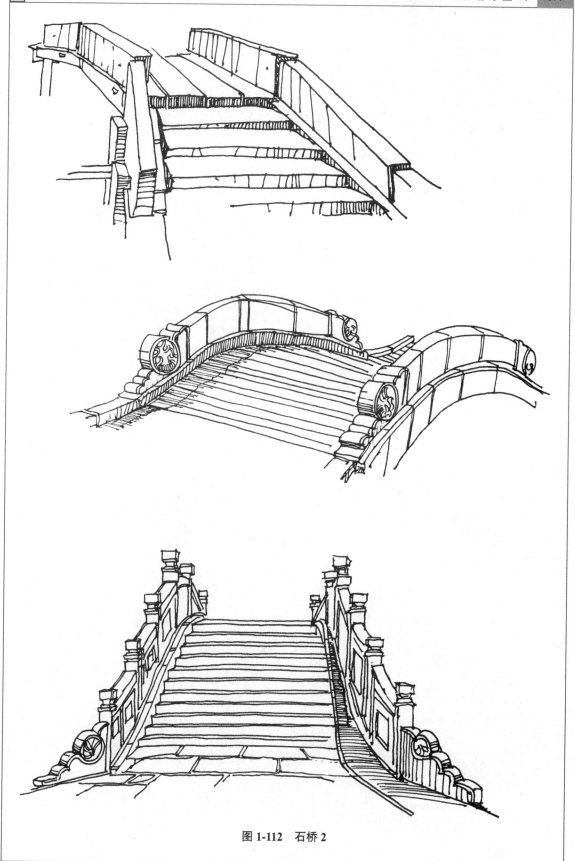

图 1-112　石桥 2

图 1-113　石桥 3

图 1-114　石桥小景

5. 木栅栏

木栅栏对我们似乎有些陌生，但当我们离开钢筋水泥的城市去乡下写生时，也是不难被发现的。在写生表现中，我们要注意用线条区分木块粗细、大小及曲直等，笔线也可根据需要做一定的虚实变化（图1-115~图1-116）。

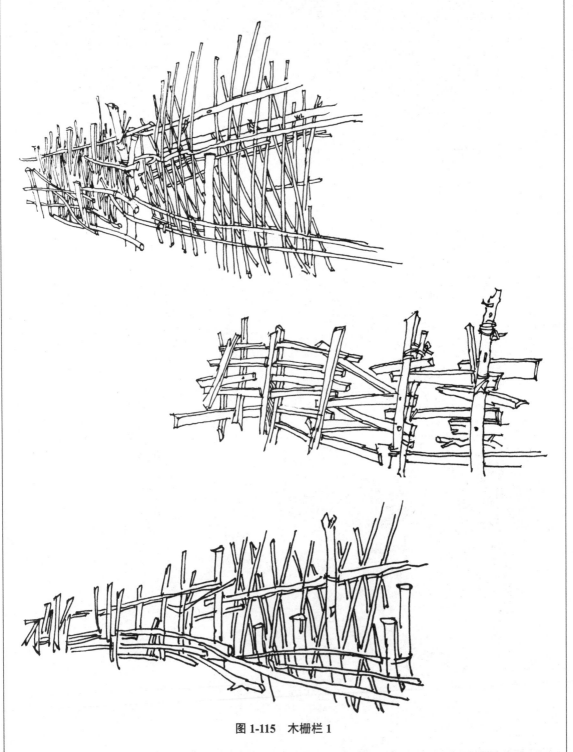

图1-115 木栅栏1

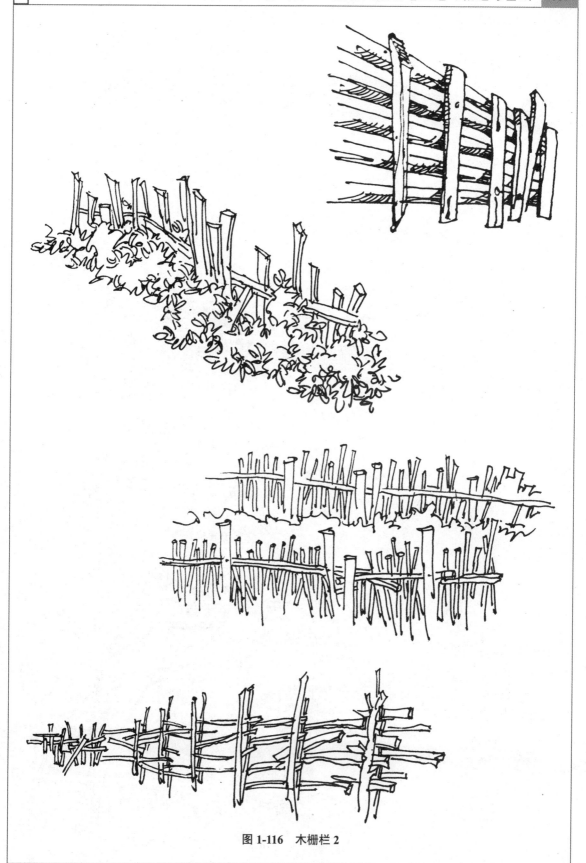

图 1-116　木栅栏 2

6. 楼梯

楼梯作为建筑很重要的一个组成部分，画起来并不简单，有着其本身的形体及透视变化，在表现中要注意护栏扶手及台阶宽度、高度的处理，线条尽可能流畅，避免断续（图 1-117、图 1-118）。

图 1-117　楼梯 1

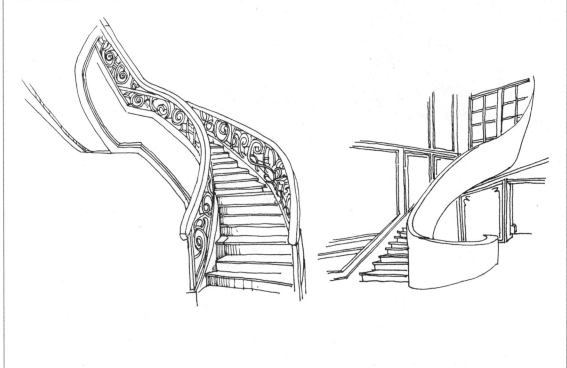

图 1-118　楼梯 2

7. 写生其他辅助造型

　　我们写生大多去一些有代表性的建筑村落或大山里面，那么除了房屋建筑以外其他的辅助物也会接触到，在这里提供一些手稿供大家参考（图 1-119）。

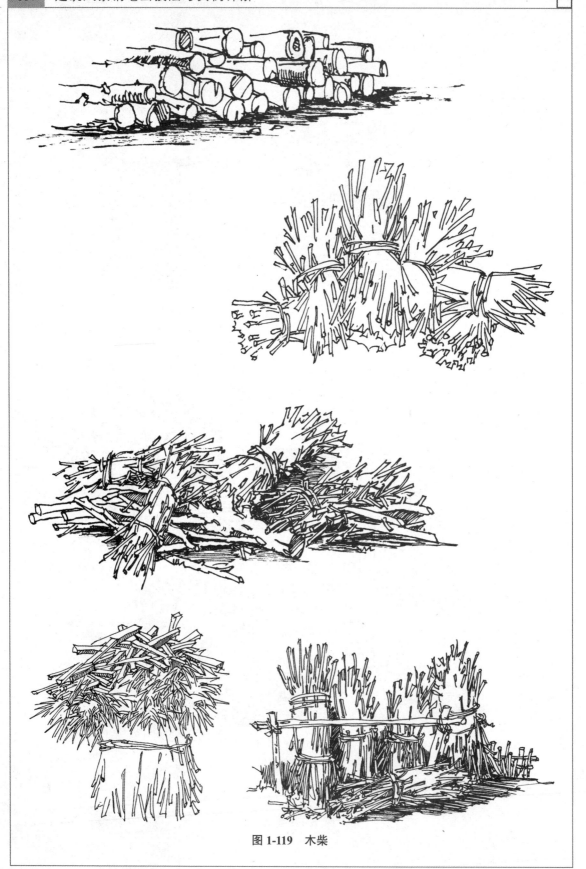

图 1-119　木柴

第二章 chapter two 进阶篇——建筑风景钢笔画速写表现技法与步骤详解

第一节 小型简体建筑实例训练

　　小型简体建筑训练（图 2-1），一般可以暂且抛开建筑本身与周边环境的关系问题，相对简单地进行实体表现，尤其对于初学者，这种训练方式很必要也很有益处，当然在单体表现中也要遵循透视规律。大家在表现时尽可能地抓住素描关系进行完整塑造，行笔不宜太快。当我们画多了，积累到一定程度时，自然就会画得又快又好，但现在不能急。以下从雕塑和建筑两个方面示范一下绘画步骤。

图 2-1 简体建筑

一、建筑雕塑实例步骤

实例一：人物石雕表现步骤。

步骤一：用钢笔大致绘制造型的上半部分，观察要准确，笔线不要断续（图2-2）。

图2-2　人物石雕表现步骤一

步骤二：继续完善造型的其他结构，注意把握比例关系（图2-3）。

步骤三：完成造型的基本绘制，并注意左右部件的对称关系（图2-4）。

图2-3　人物石雕表现步骤二

图2-4　人物石雕表现步骤三

步骤四：整体协调造型，进一步强化素描关系，使之更立体（图2-5）。

图 2-5　人物石雕表现步骤四

实例二：狮子石雕表现步骤。

步骤一：从狮子头部起笔，笔线不要过于圆润，毕竟它是石雕而非活物（图2-6）。

图 2-6　狮子石雕表现步骤一

步骤二：画出狮子前爪，在起笔时一定要观察爪子部位相对于狮子头部上下左右的具体距离，不能太过随意（图2-7）。

图 2-7　狮子石雕表现步骤二

步骤三：继续绘制狮子的身体及石球，适当排线进行球体的三维塑造（图2-8）。

图 2-8　狮子石雕表现步骤三

步骤四：画出底座及狮子其余部位，并对整体造型适当加以完善（图 2-9）。

图 2-9 狮子石雕表现步骤四

实例三：抱鼓石表现步骤。

步骤一：从造型顶部的瑞兽画起，注意绘制时要表现出年代感，注意线条的运笔方向和疏密变化（图2-10）。

步骤二：继续向下深入并画出石鼓，把握好透视关系（图2-11）。

图 2-10　抱鼓石表现步骤一

图 2-11　抱鼓石表现步骤二

步骤三：继续丰富石鼓造型并绘制其他配饰（图2-12）。

图 2-12　抱鼓石表现步骤三

步骤四：整体观察，完成底座等其他造型，同时需要适当加强明暗对比，使造型更具立体感（图 2-13）。

图 2-13　抱鼓石表现步骤四

实例四：现代雕塑表现步骤。

步骤一：用钢笔勾勒出造型左半部分，注意线条的流畅性（图2-14）。

图2-14 现代雕塑表现步骤一

步骤二：以步骤一所画造型为参考依据，继续绘制造型右半部分（图2-15）。

步骤三：对造型进行细化和线条衔接，用排线的方法对暗部等处加以丰富（图2-16）。

图2-15 现代雕塑表现步骤二

图2-16 现代雕塑表现步骤三

二、建筑单体实例步骤

实例一：建筑单体表现步骤。

步骤一：从画面顶部开始作画，依次画出建筑的局部造型，同时可以对细节加以适当处理（图2-17）。

图 2-17　建筑单体表现步骤一

步骤二：丰富场景人物并画出台阶及附属建筑，对地面可稍加处理（图2-18）。

图 2-18　建筑单体表现步骤二

步骤三：对造型暗部进行排线处理，强化明暗关系（图2-19）。

图2-19　建筑单体表现步骤三

步骤四：画出云朵及建筑周边陪衬植物，适当加重建筑暗部，使空间感更强（图 2-20）。

2018年1月8日

图 2-20　建筑单体表现步骤四

实例二：瓦房表现步骤。

步骤一：绘制出建筑左上部造型及部分植物（图2-21）。

图 2-21　瓦房表现步骤一

步骤二：继续绘制墙体及草丛，笔线注意曲直变化（图2-22）。

图 2-22　瓦房表现步骤二

步骤三：整体协调构图并完善画面，强调画面的明暗关系（图2-23）。

图 2-23　瓦房表现步骤三

实例三：木屋一景表现步骤。

步骤一：可以从自己感兴趣的部位画起，如左侧竹丛画起，运笔宜灵活些，并画出木屋屋顶（图2-24）。

图2-24 木屋一景表现步骤一

步骤二：继续画完建筑其他部件和植物，并注意线条的曲直变化（图2-25）。

图2-25 木屋一景表现步骤二

步骤三：画完其他陪衬植物以平衡画面，使画面构图完整、均衡，适当深入表现明暗关系（图2-26）。

图2-26　木屋一景表现步骤三

实例四：简体建筑 1 表现步骤。

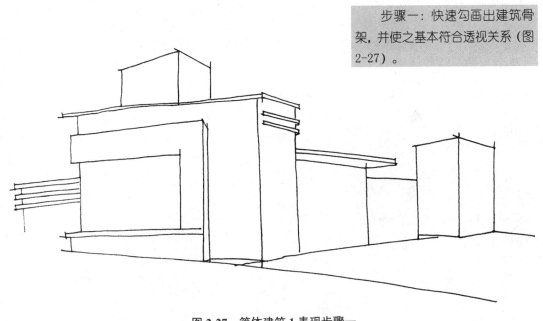

步骤一：快速勾画出建筑骨架，并使之基本符合透视关系（图 2-27）。

图 2-27　简体建筑 1 表现步骤一

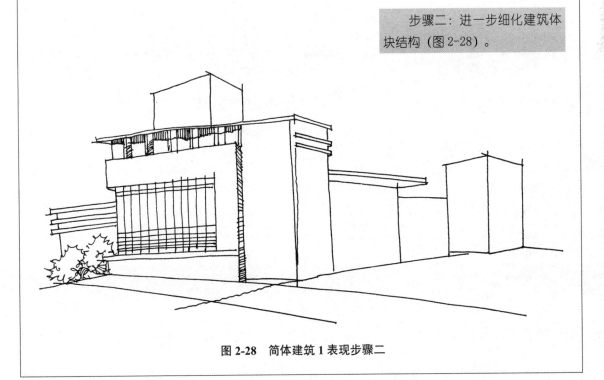

步骤二：进一步细化建筑体块结构（图 2-28）。

图 2-28　简体建筑 1 表现步骤二

步骤三：细分建筑体块的其他结构，适当交代光影关系，并完成植物的绘制，整体协调画面（图2-29）。

图2-29　简体建筑1表现步骤三

实例五：简体建筑 2 表现步骤。

步骤一：观察建筑形体，勾画出必要的骨架线（图 2-30）。

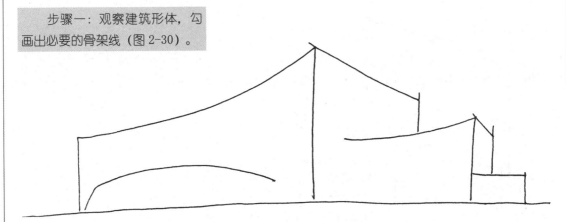

图 2-30　简体建筑 2 表现步骤一

步骤二：按照透视关系继续细化建筑结构（图 2-31）。

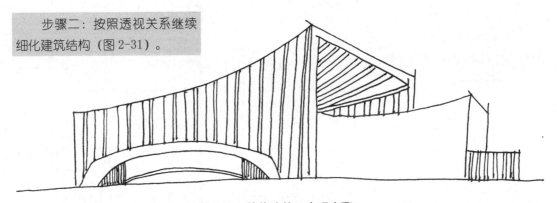

图 2-31　简体建筑 2 表现步骤二

步骤三：完成建筑其他造型的绘制和细化。排线过程中，笔线不宜过于密集，避免交叠过多产生黑块。简单画出水面（图 2-32）。

图 2-32　简体建筑 2 表现步骤三

实例六：简体建筑 3 表现步骤。

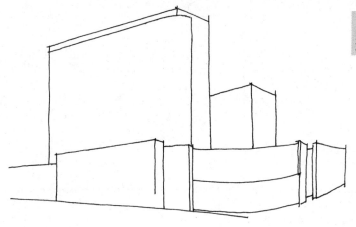

步骤一：用线条勾勒出建筑形体的基本轮廓（图 2-33）。

图 2-33　简体建筑 3 表现步骤一

步骤二：按照空间透视关系，对建筑体块进行分割并丰富细节（图 2-34）。

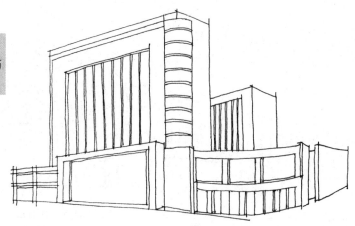

图 2-34　简体建筑 3 表现步骤二

步骤三：完善整个画面，线条走向一定要在已有的透视框架内进行，不要画错（图 2-35）。

图 2-35　简体建筑 3 表现步骤三

第二节　建筑场景空间实例训练

建筑场景空间训练将有助于我们从宏观上去考虑和表现场景，场景表现内容也将会更复杂和宽泛一些，会涉及植物、人物、交通工具等。场景空间效果表现也就意味着在场景中没有必要刻意去把每一个造型都表现得细致入微，而是要突出主体、适当弱化陪衬建筑或其他造型。从这个意义上说，画建筑场景需要我们考虑画面的主次关系、空间关系及黑白关系等。

在学习实践中，大家可以先临摹一些成熟作品，临摹将有助于帮助大家提高自己的观察能力、动手能力及查找问题的能力，能够较快地培养绘画手感。临摹练习时，不能不假思索拿起笔就画，需要仔细审视所画图稿，了解图稿的基本表现手法和比例关系，并确定你所表现建筑体量的大小是否能很好地布局到图纸上。在教学实践中，很多同学往往就是不能很好地控制比例，出现图纸放不下造型或是造型画不满图纸的情况。究其原因就是动笔之前没有很好地衡量比例关系，绘制时局部作画，不能整体联系画面。

每个人绘画习惯不一样，绘画方法也因人而异，大家可以自由地选择适合自己的绘画方法。在实践中很少有人是先画轮廓再填内容的，这种画法很容易限制画者的绘画热情，当然对于初学者这种方法还是适用的（图2-36、图2-37）。

图2-36　建筑场景1

图 2-37 建筑场景 2

一、古建民居建筑实例步骤

实例一：街头小店表现步骤。

步骤一：在起笔之前要认真将图看一遍，思考一下，确定画面的透视关系及表现主题，然后从左侧入手开始绘制（图 2-38）。

图 2-38 街头小店表现步骤一

步骤二：继续完善其他各部分造型，并注意协调与步骤一所画造型的关系（图2-39）。

图 2-39 街头小店表现步骤二

步骤三：按照透视规律继续绘制（图2-40）。

图 2-40 街头小店表现步骤三

步骤四：丰富画面，适当交代一下明暗关系，使之更完善（图2-41）。

图 2-41　街头小店表现步骤四

实例二：民居街巷 1 表现步骤。

图 2-42　民居街巷 1 表现步骤一

步骤一：捕捉画面的兴趣点，可以一并完成左侧建筑及相关人物的绘制（图 2-42）。

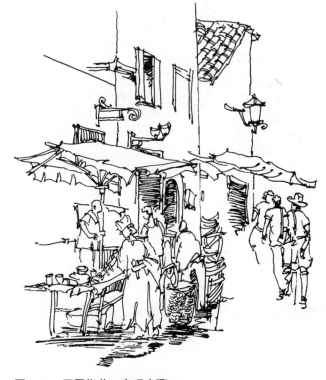

图 2-43　民居街巷 1 表现步骤二

步骤二：以步骤一所画部分图例为参考，继续绘制其他建筑及人物（图 2-43）。

步骤三：按照近大远小的空间透视规律整体平衡画面，完成右侧建筑及其他配景的绘制（图2-44）。

图 2-44　民居街巷 1 表现步骤三

实例三：民居街巷 2 表现步骤。

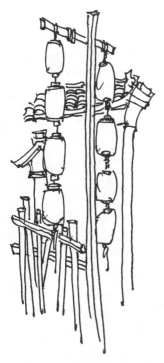

图 2-45　民居街巷 2 表现步骤一

步骤一：用轻盈的线条绘制墙体及木架、灯笼等物，尽量一气呵成（图 2-45）。

步骤二：绘制中部低矮建筑，屋顶瓦片画得不宜过于密集（图 2-46）。

图 2-46　民居街巷 2 表现步骤二

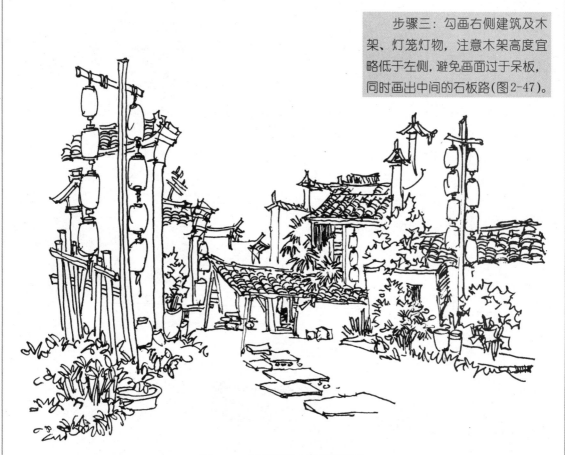

步骤三：勾画右侧建筑及木架、灯笼灯物，注意木架高度宜略低于左侧，避免画面过于呆板，同时画出中间的石板路(图2-47)。

图 2-47　民居街巷 2 表现步骤三

实例四：民居街巷 3 表现步骤。

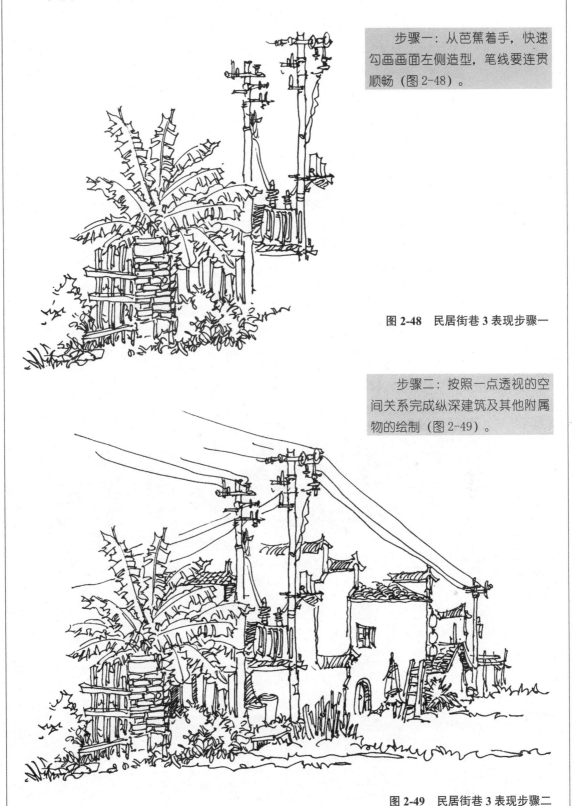

步骤一：从芭蕉着手，快速勾画画面左侧造型，笔线要连贯顺畅（图 2-48）。

图 2-48　民居街巷 3 表现步骤一

步骤二：按照一点透视的空间关系完成纵深建筑及其他附属物的绘制（图 2-49）。

图 2-49　民居街巷 3 表现步骤二

步骤三：用熟练的笔线完成对右侧植物及摩托车、家禽的表现，同时用快速排线的方法画出天空白云（图2-50）。

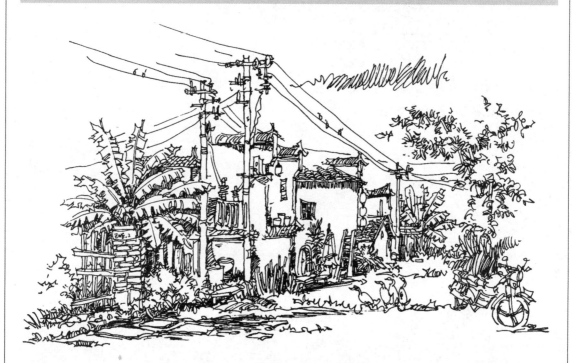

图 2-50 民居街巷 3 表现步骤三

二、欧式建筑实例步骤

实例一：欧式古建街巷 1 表现步骤。

步骤一：从左上角开始绘制建筑局部（图 2-51）。

图 2-51 欧式古建街巷 1 表现步骤一

步骤二：沿着透视方向对画面加以完善和布局（图 2-52）。

图 2-52 欧式古建街巷 1 表现步骤二

步骤三：确定画面中间造型的位置并进行形体塑造，线条宜流畅（图 2-53）。

图 2-53 欧式古建街巷 1 表现步骤三

步骤四：继续完善建筑直至
完成，并协调画面其他辅助元素
的绘制（图2-54）。

图2-54　欧式古建街巷1表现步骤四

实例二：欧式古建街巷 2 表现步骤。

步骤一：起笔时需要将画纸放正，画垂线时可以适当参考画纸的一侧边缘，以免画歪，画出建筑局部造型（图2-55）。

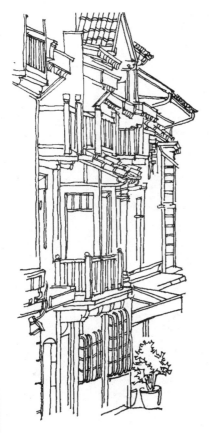

步骤二：继续完善中间部位的建筑，在绘制中需要参考已画建筑来实施精确定位，拿捏好彼此的造型大小及比例关系（图2-56）。

图 2-55　欧式古建街巷 2 表现步骤一

图 2-56　欧式古建街巷 2 表现步骤二

步骤三：继续完善建筑其他各部分，并协调整个画面（图2-57）。

图 2-57 欧式古建街巷 2 表现步骤三

实例三：欧式古建街巷 3 表现步骤。

步骤一：整体审视画面，并确定建筑的比例关系，从建筑左侧起笔画起（图 2-58）。

步骤二：画出地面的透视线并继续充实已画造型，注意控制人物的动态及大小比例(图 2-59）。

图 2-58 欧式古建街巷 3 表现步骤一

图 2-59 欧式古建街巷 3 表现步骤二

步骤三：画出右半部分建筑，注意衡量右侧建筑与左侧建筑的高低关系（图 2-60）。

图 2-60　欧式古建街巷 3 表现步骤三

步骤四：进一步丰富造型并强化建筑的明暗关系，尤其是门洞、窗体等处（图 2-61）。

图 2-61　欧式古建街巷 3 表现步骤四

实例四：欧式建筑 1 表现步骤。

步骤一：整体观察建筑形体，确定起笔位置，自上而下绘制（图 2-62）。

图 2-62　欧式建筑 1 表现步骤一

步骤二：绘制建筑的同时可以丰富建筑各部分细节（图 2-63）。

图 2-63　欧式建筑 1 表现步骤二

步骤三：继续完善建筑形体，注意把握好透视关系（图 2-64）。

图 2-64　欧式建筑 1 表现步骤三

步骤四：继续完善建筑形体的右侧结构，使之更完整（图2-65）。

图 2-65　欧式建筑 1 表现步骤四

步骤五：整体协调画面，画出天空云朵及其他植被(图2-66)。

图 2-66　欧式建筑 1 表现步骤五

实例五：欧式建筑 2 表现步骤。

步骤一：用较细的钢笔勾画出墙体及柱子，线条要干净利索些（图 2-67）。

图 2-67 欧式建筑 2 表现步骤一

步骤二：参考上一步骤图进行右侧建筑结构的绘制（图 2-68）。

步骤三：继续完善建筑并细化建筑内部结构（图 2-69）。

图 2-69 欧式建筑 2 表现步骤三

图 2-68 欧式建筑 2 表现步骤二

步骤四：绘制完成整个建筑并进一步强调明暗关系，使画面更完整（图 2-70）。

图 2-70　欧式建筑 2 表现步骤四

三、现代建筑场景实例步骤

实例一：现代建筑群表现步骤。

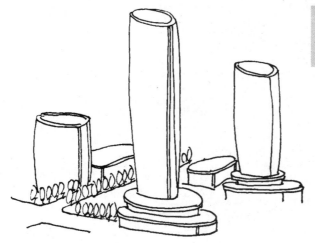

步骤一：确定好画面整体的透视及比例关系，简单绘制左侧建筑及行道树（图2-71）。

图2-71 现代建筑群表现步骤一

步骤二：在步骤一的基础上扩展画面，继续完善其他建筑造型（图2-72）。

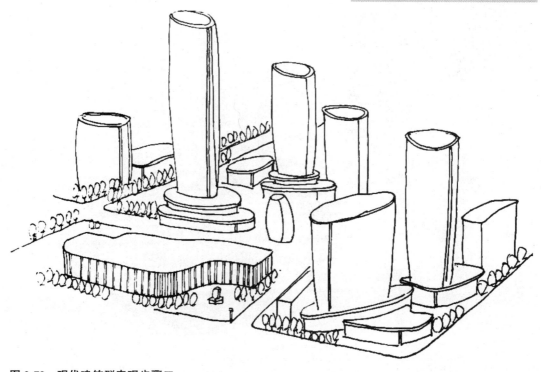

图2-72 现代建筑群表现步骤二

步骤三：逐步深入刻画主体建筑，使之更好地区分陪衬建筑体块（图2-73）。

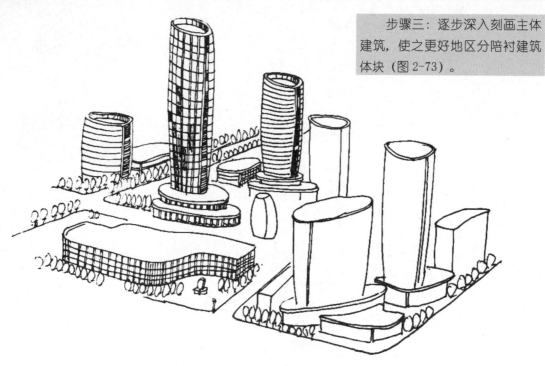

图 2-73　现代建筑群表现步骤三

步骤四：整体丰富和协调画面，适当表现光影效果（图2-74）。

图 2-74　现代建筑群表现步骤四

实例二：建筑商业体表现步骤。

步骤一：沿着从上到下、从左到右的顺序初步绘制建筑局部（图2-75）。

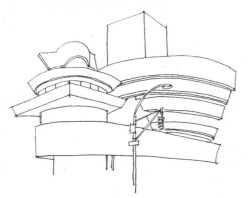

图2-75　建筑商业体表现步骤一

步骤二：继续丰富建筑其他部位并完成部分交通工具和人物的绘制（图2-76）。

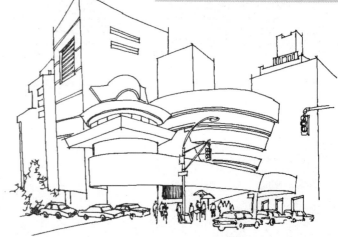

图2-76　建筑商业体表现步骤二

步骤三：对建筑体块进行细节刻画，可从兴趣点入手（图2-77）。

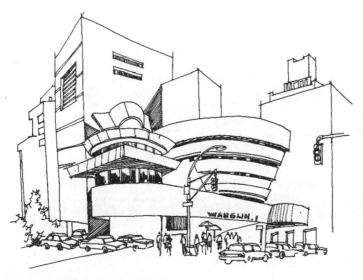

图2-77　建筑商业体表现步骤三

步骤四：在完善建筑形体的前提下，用线条表现建筑体块的明暗关系（图2-78）。

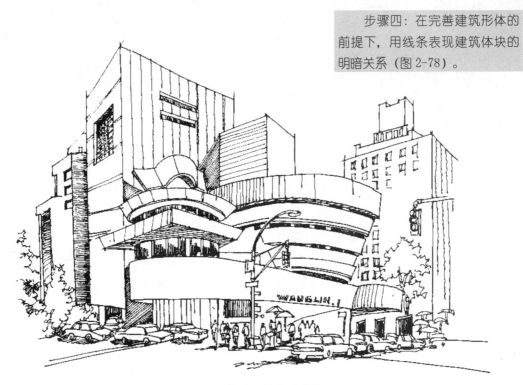

图 2-78   建筑商业体表现步骤四

步骤五：完成建筑商业体绘制（图2-79）。

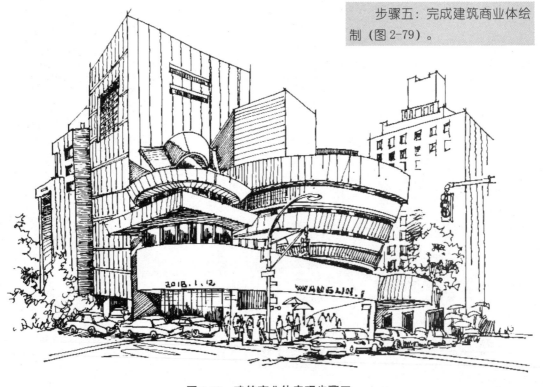

图 2-79   建筑商业体表现步骤五

实例三：海边建筑景观表现步骤。

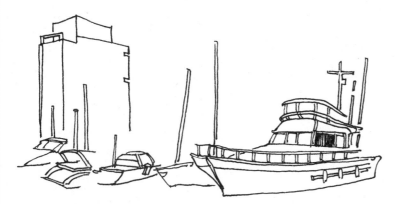

步骤一：从兴趣点入手，大体画出局部造型，画纸上部预留出一定的空间（图2-80）。

图 2-80 海边建筑景观表现步骤一

步骤二：继续拓展画面的同时适当完善必要的细节（图2-81）。

图 2-81 海边建筑景观表现步骤二

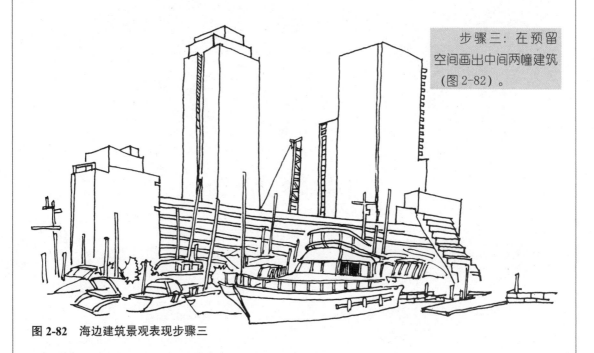

步骤三：在预留空间画出中间两幢建筑（图2-82）。

图 2-82 海边建筑景观表现步骤三

步骤四：完成水面及其他附属建筑造型，进一步刻画建筑细节，画出云朵使画面更完整（图2-83）。

图 2-83 海边建筑景观表现步骤四

第三章 飞跃篇——建筑风景钢笔画速写范例

chapter three

第一节　古建民居建筑速写范例

古建民居常常是写生的重要内容，也是认识和了解传统建筑的重要途径。相对于现代钢筋水泥的高楼大厦来说，古建民居更具年代感和艺术性，其建筑构造、建筑材质乃至建筑方法都值得我们好好学习和研究。

在表现古建民居建筑时，首先要考虑构图，知道如何安排画面，并对建筑样式及其年代背景有足够清晰的认识；其次根据表现建筑主题的需要确定采取的表现方式和运笔技巧；最后，绘画尽可能做到一气呵成，不要出现过多的停顿（图 3-1~ 图 3-30）。

图 3-1 画面干净、构图精巧，建筑造型表现合理，线条熟练，画面整体感受平静舒缓。

图 3-1　民居局部

图 3-2 画面简洁，构图精致而饱满，钢笔线条排列有序，黑白对比关系处理也不错。

图 3-2　民居小院

图 3-3 是云南建筑钢笔画写生作品，构图小巧有趣。形态各异的游客活跃了场景氛围，远处山体及白云则寥寥数笔合情合理地表现了当地的地理环境。

图 3-3 云南建筑写生

　　图 3-4 表现的是建筑街景，街景的表现相对单体建筑要复杂一些，人员众多而且姿态各异，电线杆、广告牌、大树等画面元素似乎没有章法可循，但所有这些恰恰表现出了一幅鲜活的生活场景。

图 3-4   建筑街景

图 3-5 以钢笔线条作为画面的基本语言，建筑与植物的表现细致耐看，绘制的速度适中，构图饱满。

图 3-5　街道

图 3-6 表现的是野外农舍，画面清新，植物葱郁，远山的概括表现得很巧妙，与前景建筑及植物形成了较好的呼应。

图 3-6　农舍

图 3-7 表现的是丽江古城，古城街道两侧植物繁茂，绿意葱葱，店铺也生意红火，行人较多，为了画面需要画者省略一些人物，使之起到装饰画面、活跃气氛的作用，又不能太过纷杂，分散了主题。

图 3-7　古城街景 1

　　图3-8也画于丽江古城，画面采用了竖式构图，树冠间的留白使画面并不显得压抑，表现出了古城街道建筑的古朴、植物的茂盛，场景人物则活跃了画面。

图3-8　古城街景2

图 3-9 笔致清新，钢笔线条熟练，构图稳定，画面中间的电线使画面更加紧凑，而落在上面的五只小鸟使整个画面更加生动。

图3-9 村口

　　图 3-10 表现了两间民居房舍，房屋的顶部及侧墙均做了详略变化处理，矮墙的表现也很精彩，低矮植物与之相互陪衬，而形体较大的枯木则起到了框架式构图的作用。

图 3-10　房舍建筑 1

图 3-11　房舍建筑 2

　　图 3-11 的两幅钢笔练习作品表现的建筑场景不是很大，但构图完整，适合初学者学习，屋顶瓦片的表现看似复杂实际上并不难，表现时注意瓦片的疏密与节奏变化。两幅作品植物表现都很不错。

图 3-12 表现的是大山里的一户农家小院，构图饱满，表现内容丰富，极具生活气息。

图3-12　农家小院

图 3-13 表现的建筑古朴，排线细密而不拥挤，画面黑白关系明确，植物掩映着房屋，使画面更生动。

图3-13　村舍

图 3-14　农家庭院

　　图 3-14 的两幅作品表现的均是农家庭院，画面紧凑而亲切，笔线自由活泼，很好地表现了建筑和植物的关系，作品较好地表现了农家小院的生活气息。

图 3-15 表现的建筑较为概括，笔线顺畅而有力，画面中间树干的留白处理使之有效地和建筑区分开来，使画面显得不那么繁杂，看上去很协调。

图 3-15　农家建筑

　　图 3-16 表现的是民居小巷，画面内容丰富，闲聊的人们、墙上挂着的成串的玉米及散养的几只母鸡似乎构成了慢节奏的生活旋律的音符，使人产生美好的联想。

图 3-16　民居小巷

图 3-17 是在河塘堤岸绘制的西塘美景，当时小雨蒙蒙，景色宜人。该图画面饱满，笔线柔和，画面的叙述感很不错，画面右侧柔弱的垂柳枝条不仅交代了季节，也使画面增色不少。

图 3-17 西塘美景

　　图 3-18 构图方正，建筑黑白对比强烈，具有较好的空间感，作为配景的背景植物表现也较成功。

图 3-18　木架建筑

图 3-19 表现了街道小店铺，低矮建筑门前有休息的游客，人物动态各有不同，画面整体视觉效果舒缓，给人以安静的满足感。

图 3-19 街道小铺

图 3-20 笔线果敢硬朗，植物线条圆润柔美，二者对比强烈，画面构图也比较饱满规整，整体效果不错。

图3-20   木建筑

图 3-21 画于云南，表现的主题和重点均是建筑，当时限于时间没有画完，是作者回去加以整理而成，画面显得安静自然。

图 3-21 云南写生作品

　　图 3-22 是一幅钢笔画写生作品，速写于云南丽江古城，画面表现内容丰富，构图饱满含蓄，尤其是右下角妙龄少女的回眸不仅使画面增强了空间进深感，而且增添了无限的想象。

图 3-22　古城丽江速写

图 3-23 用时较短，处理手法也相对概括，建筑主体在众多植物的陪衬下越发挺拔秀丽，背景植物暗部表现用了排线的手法加以处理，此法好处就是省时省力，但会有损细节表现。

图 3-23　牡丹亭

图 3-24 的构图方式很新颖，画面植物层次关系与黑白对比非常讲究，画面空间处理虚实有度。

图 3-24　矮墙与建筑

　　图 3-25 的画面有些俯瞰效果，建筑小屋古朴，藤架与植物均表现得比较完善，线条处理有松有紧，开合自由。

图 3-25　农家村落 1

图 3-26 表现的是一个小村落，画面构图韵律感十足，建筑与植物相互掩映，妙趣横生。房屋建筑结构及明暗关系处理也比较成功，可见作者扎实的手绘功底。

图 3-26　农家村落 2

图 3-27 是在普通 A4 复印纸上完成的，画面紧凑而不拥挤，画面构图讲究，两只大雁振翅飞来，增添了些许情趣。植物与建筑表现相对写实，钢笔线条熟练，造型结实。

图 3-27　农家村落 3

图 3-28 的表现手法较为细腻，无论是建筑塑造还是植物表现都很不错，构图也很有趣味性。

图3-28   农家村落 4

图 3-29 表现的场景相对更写实些，手法细腻，建筑高低错落，整体暗部的处理也比较不错，水中的倒影也没有一味还原岸上建筑全貌而是做了简化处理，水中的两只游动的小鸭打破了水面的宁静，使水面一下了泛起涟漪。

图 3-29 美丽村寨

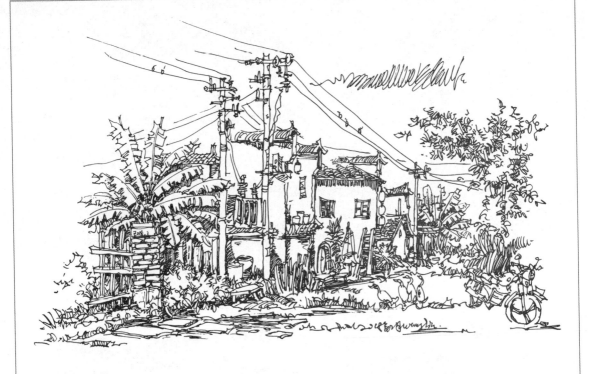

图 3-30　田园民居

图 3-30 表现的是田园民居建筑，笔致清新，线条柔和，画面很有田园之美并富有生活韵味，整个画面构图均衡，线条熟练。

第二节 欧式建筑速写范例

　　欧式建筑和中国传统建筑有着诸多不同，体现在建筑构造、建筑工艺、建筑材料及建筑审美等方面。不管哪种建筑类型与建筑形式，钢笔速写的表现技法总的说没有大的差别，都需要我们融入对建筑的主观认识和心理感受，我们笔下的线条不单单是一根普通的墨线轨迹，而是有神经感知和韵律变化的一根线。在写生或临摹练习中一定要认真揣摩、仔细分析，恰当活用每一条线，准确表现建筑结构和内在神韵（图3-31~图3-54）。

　　图3-31构图紧凑，建筑及植物表现生动有趣，线条流畅，尤其是天空、白云的表现方式与建筑物主体造型很协调，为画面增色不少。

图3-31　建筑速写

图 3-32 改绘自意大利实景拍摄，画面比较清爽，人物表现很成功，不仅符合空间透视的大小比例关系，而且姿态各异，建筑与植物的表现也比较不错。

图 3-32   意大利一景

图 3-33 用时较短，画面感觉很不错，线条也比较洒脱，整个画面看起来比较舒服。

图 3-33 古堡

图 3-34 为建筑门洞的局部表现，建筑结构较为复杂，线条灵活多变，尤其是对一些雕刻纹饰的处理，整体画面稳定，视觉效果很不错。

图3-34　建筑门洞局部

　　图 3-35 属于建筑的快速表现，速写时间约为 3~5 分钟，效果也还不错。在练习中要求大家在理解建筑结构及表现技巧的前提下一气呵成。

图 3-35　远处建筑

图 3-36 整体构图饱满，主体建筑表现沉稳大方，线条灵活，空间变化处理也虚实有度。

图 3-36　城堡

图 3-37 天津意式建筑

图 3-37 为天津意式建筑实景拍摄照片的改绘图，画面整体处理比较完善，有着较好的黑白及空间关系，人物表现也能起到丰富和活跃画面的作用。构图饱满有趣，素描黑白关系明确，画面视觉元素处理较为深入，建议大家临摹中要有足够的耐心慢慢体会。

图 3-38 整体表现出了建筑的历史与文化气息，空间透视感较好，线条的快慢与虚实变化是表现建筑质感的关键。

图 3-38　古建筑

　　图 3-39 是对照片的改绘，画面处理细腻，钢笔线条紧凑，构图也比较讲究，天空云朵处理很有味道。

图 3-39　大学学院建筑

图 3-40 表现的建筑景观比较复杂，有一定难度。建筑、植物及人物均需要处理好，否则就会显得杂乱无章。

图 3-40　街头建筑

图 3-41 是典型的结构表现法，线条几乎成了画面唯一的形式语言，画面很具骨感美，简洁而清透。

图 3-41　建筑街巷

图 3-42 表现的建筑场景比较复杂，但表现出的视觉效果却很舒服，能想象出当时画家钢笔速写的速度有多快。画面完整也不失细节处理，而且有一定的节奏和韵律感。

图 3-42　建筑小广场

图3-43中建筑主体造型准确，钢笔线条熟练，构图饱满生动，三艘小船较好地烘托了画面。

图3-43　水上建筑

图 3-44 的取景角度有些平淡，透视感较弱，不过就建筑形体造型而言还是很不错的，处理方式也较为简洁，画面干净利落。

图 3-44 特色建筑

　　图 3-45 表现的是别墅建筑庭院场景，周边植物表现得很讲究，分别用了概括和写实的两种处理方式，起到了衬托建筑主体的作用，画面整体效果不错。

图 3-45　别墅建筑庭院

图3-46在表现建筑本身的同时注重对环境的渲染，天空处理手法虚实结合，线条流畅而自然，增添了建筑的神秘感。

图3-46　城堡建筑

　　图 3-47 表现的是建筑街道，作者采用了一点透视的表现方式，画面空间感很强。建筑街道以结构表现法绘制完成，画面更为清爽。

图 3-47　建筑街道

图 3-48 作者通过熟练地运用直线与抖线，一气呵成地表现了主体建筑，画面视觉效果很具冲击力，尤其是天空的处理大胆而直接。

图 3-48 建筑快写

图 3-49 更适宜建筑初学者描摹，画面造型不是很复杂，空间透视也没有难度，只要把线条处理好，画面效果就能很快表现出来。

图 3-49 别墅

图 3-50 表现手法熟练，绘画节奏掌控较好，线条运用大方不拘泥小节，画法也很大胆，画面整体效果很有视觉冲击力。

图 3-50　宏伟建筑

图 3-51 表现的是古城堡，画者没有花太多时间在如何处理城堡的砖石上面，而是概括表现整个场景，画面整体效果简洁而含蓄，别有味道。

图 3-51　尖顶建筑城堡

　　图 3-52 表现的是密林之中的建筑，采用了以线为主的造型方式，建筑主体突出，植物表现熟练，植物中景的处理也比较得法，线条疏密适宜，画面效果较好。

图 3-52　林中别墅

图 3-53 中线条轻松自由，无论是建筑还是植物的表现都较为熟练，没有过多细致深入的刻画，视觉上很享受，特别适合采集绘画素材时的速写表现。

图 3-53　闹市建筑群

图 3-54 庄重而有气势，建筑结构及空间布局都比较合理，暗部空间处理恰到好处，构图也比较科学。

2018年1月8日

图 3-54 特色建筑

第三节 现代建筑速写范例

　　现代建筑的表现形式多种多样，所选建筑材料丰富，创新设计层出不穷。那么，对于钢笔速写来讲，我们也需要认真考虑这些因素，不同材料的质感是不一样的，属性也各不相同，生活中要多注意观察、多留心、多体会，不能画什么都一个样（图3-55~图3-70）。

图3-55 现代建筑1

　　图3-55的两幅现代建筑效果表现作品，画面均较简洁，线条流畅，空间透视感也较强，玻璃反射效果是通过排线的方式来处理的，整体画面感觉很现代和简约。大家注意在运笔时线条要连贯，尽量避免中间断笔的情况。

图 3-56 构图紧凑，表现简洁，线条运笔速度适中，清晰明确地表现了建筑的骨架结构，白云的处理很好地装饰了画面。大家也可以尝试快速的表现方式，其画面感觉可能别有味道。

图 3-56   现代建筑 2

图 3-57 画面简洁，线条流畅，画面有一定的空间感，适合大家平时的练习和快速表现。

图 3-57　异型建筑

图 3-58 构图均衡，画面轻松有趣。整体钢笔线条舒张自由，特别是刚直的建筑线条与柔美的植物线条互为对比与映衬，越发使画面增色不少。

图 3-58　别墅

图 3-59 为建筑物简单表现，大家练习过程中注意对空间感的把握和表现。

图 3-59 小型建筑

图 3-60 的建筑造型较为前卫，表现中注意把握整体的素描关系以及线条的疏密变化。

图 3-60　商业场馆

图 3-61 构图饱满，建筑及周边植物表现都还不错，整个环境氛围处理也恰到好处。天空云朵的位置再稍微向上画一些就更好了。

图 3-61　图书馆

图3-62造型极具创意，在表现中大家要明确空间透视关系，不要被一些非常规结构变化影响，对建筑暗部进行适当的加深处理，但排线不宜过于密集。

图 3-62   展览馆

图 3-63 构图饱满而有趣，建筑结构表现尚可，背景植物多而不乱，飞翔的鸟儿活跃了画面。

图 3-63　现代别墅

　　图 3-64 的建筑体块结构与明暗关系表现较好，植物陪衬与烘托作用明显，画面构图及视觉效果也很不错。

图 3-64 办公建筑

图 3-65 的建筑群画面整体构图饱满，以竖线条为基本造型元素。竖线条有助于表现建筑的高耸，而横线条更利于空间横向拓展，二者要根据表现主体而灵活机动。

图 3-65　建筑群

图 3-66 构图完整，建筑体空中花园植物表现是一大亮点，有效地调和了画面。交通工具的处理也比较得当。

图 3-66   建筑综合体

图 3-67 中现代建筑的速写笔线及骨架处理比较明确，通过线条的疏密来区分光亮与阴影，视觉效果比较明显，场地空间感也较好地表现了出来。

图 3-67 建筑商场

图 3-68 的现代建筑手绘难度不大，建筑结构也并不复杂。大家注意运笔时曲线条不宜中断，按空间结构合理穿插，暗部的排线要均匀细密。

图 3-68　艺术大厅

图 3-69 采用了一点透视的方法表现了都市建筑，场景视野开阔，建筑线条笔直，车辆及人物表现也比较生动。

图 3-69　都市建筑

图 3-70 表现了城市街区，不同建筑风格的店铺与高楼林立，画面热闹而不拥挤，前面行驶的汽车拉伸了画面的空间感。

图 3-70   城市街区